Therese Prinzessin von Bayern

Auf einer Reise in Westindien und Südamerika gesammelte Pflanzen

Therese Prinzessin von Bayern

Auf einer Reise in Westindien und Südamerika gesammelte Pflanzen

ISBN/EAN: 9783955622497

Auflage: 1

Erscheinungsjahr: 2013

Erscheinungsort: Bremen, Deutschland

@ Bremen-university-press in Access Verlag GmbH, Fahrenheitstr. 1, 28359 Bremen. Alle Rechte beim Verlag und bei den jeweiligen Lizenzgebern.

Auf einer Reise in Westindien und Südamerika gesammelte Pflanzen.

Von

Therese Prinzessin von Bayern.

Mit Diagnosen neuer Arten von Neger, Mez, Cogniaux, Briquet, Zahlbruckner und O. Hoffmann.

Mit einer Abbildung im Text und Tafel I—V.

Jena.
Verlag von Gustav Fischer.
1902.

Auf einer Reise
in Westindien und Südamerika gesammelte Pflanzen.

Von

Therese Prinzessin von Bayern

(mit Diagnosen neuer Arten von Neger, Mez, Cogniaux, Briquet, Zahlbruckner und O. Hoffmann).

Mit 1 Abbildung im Text und Tafel I—V.

Einleitung.

Auf einer im Jahre 1898 unternommenen Reise nach Westindien und Südamerika sammelte ich ca. 430 Arten von Pflanzen, welche nachfolgend aufgezählt sind [1]).

Bei der systematischen Zusammenstellung der Cryptogamen hielt ich mich vorwiegend an Englers Syllabus der Pflanzenfamilien. Die Familien der Phanerogamen stellte ich gleichfalls nach Englers Syllabus zusammen, die Gattungen derselben jedoch nach Durands Index Generum Phanerogamorum. Die Arten sind sämtlich alphabetisch geordnet.

Die meisten der von mir gesammelten Pflanzen wurden bestimmt von Professor Dr. Solereder in Erlangen und Professor Dr. Neger in Eisenach (beide früher in München). Ferner beteiligten sich an der Bestimmung die Professoren Dr. Radlkofer und Dr. Giesenhagen in München, die Professoren Dr. Engler, Dr. Urban, Dr. O. Hoffmann, ausserdem Dr. Lindau und Dr. Harms in Berlin, Carl Warnstorf in Neuruppin, die Professoren Dr. Drude in Dresden und Mez in Halle, die Doktoren Hallier und Heering in Hamburg, Major Reinbold in Itzehoe, Dr. Zahlbruckner und Professor Dr. Heimerl in Wien, Professor Dr. Hackel in St. Pölten, die Professoren Dr. Fritsch und Dr. Palla in Graz, Dr. Christ in Basel, die Professoren Dr. Schinz in Zürich, Dr. Chodat und Dr. Briquet in Genf, ferner Dr. C. DeCandolle in Genf, Professor Dr. Cogniaux in Verviers, Professor Dr. Kusnezow in Jurjew (Dorpat), Dr. Wainio in Hel-

---

[1]) Da bei Beginn der Drucklegung neun Pflanzen (1 *Leguminose*, 1 *Myrtacee*, 3 *Umbelliferen* u. 4 *Ericaceen*) noch nicht definitiv bestimmt waren und unter denselben sich mehrere Exemplare einer Art befinden könnten, lässt sich hier die Zahl der gesammelten Arten nur annähernd angeben. Gelingt es nicht mehr, die Namen dieser neun Pflanzen während des Druckes in die Liste der von mir gesammelten Pflanzen einzufügen, so sollen sie in einem Nachtrag gebracht werden.

singfors, Dr. Dusén in Rio de Janeiro (früher in Stockholm), Dr. Reiche in Santiago de Chile und Professor Dr. Sodiro in Quito.

Die Diagnosen der neuen Arten, sowie einer bisher noch nicht beschriebenen Art verfassten Professor Dr. Neger, Dr. Zahlbruckner und die Professoren Dr. Cogniaux, Dr. Briquet und Dr. O. Hoffmann. Sie sind dem Schluss meiner Liste angefügt. Die Beschreibung der neuen *Bromeliacee* wurde von Professor Dr. Mez schon 1901 im Beiblatt zu Englers Botanischen Jahrbüchern (Band XXX, Nr. 67, S. 10) veröffentlicht und ist hier nochmals abgedruckt.

Ich ergreife hiermit die Gelegenheit, all den genannten Herren meinen verbindlichsten Dank für die gütig gewährte Hilfe auszusprechen.

Die Absicht, Material zur Pflanzengeographie zu liefern, bewog mich, die gesamte Liste der von mir gesammelten Pflanzen zu veröffentlichen. Für manche der schon bekannten Arten ergaben sich nämlich neue Fundorte und einige der schon bekannten Fundorte wurden genauer festgestellt, andere neuerdings bestätigt. Da, wo in meiner Pflanzenliste, bei Angabe der Seehöhe, in welcher ich die einzelnen Arten gefunden habe, zwei Zahlen erwähnt sind, beziehen sich letztere nicht auf die untere und obere Verbreitungsgrenze, innerhalb welcher die betreffende Art vorkommt, sondern auf die annähernd bestimmte Strecke in vertikaler Ausdehnung, innerhalb welcher an einem oder an mehreren Punkten die betreffende Pflanze von mir gesammelt wurde. Da nicht an jedem Fundort Höhenmessungen vorgenommen werden konnten, musste ich mich begnügen, mittelst zum Teil mangelhafter Karten und eines ziemlich unzuverlässigen Aneroidbarometers die approximative Seehöhe des Anfangs- und Endpunktes des zurückgelegten Weges, auf welchem ich die Pflanze gesammelt, zu bestimmen. Den von mir festgestellten Fundorten sind, zur besseren Übersicht der geographischen Verbreitung der betreffenden Art, das bisher bekannte Verbreitungsgebiet, soweit es mir zur Kenntnis gekommen ist, nebst den Quellen, welchen diese Angaben entnommen sind, beigefügt.

Die genaue Angabe des Zeitpunktes, an welchem ich die Pflanze gesammelt, hat den Zweck, Material zur Pflanzenbiologie zu liefern.

Zu einem klareren Überblick über die von mir berührten Pflanzengebiete schicke ich der systematischen Aufzählung der Pflanzen eine kurze Skizze meiner Reiseroute voraus und erwähne zugleich in jedem Abschnitt den allgemeinen Vegetationscharakter und einzelne der mir am charakteristischsten erschienenen Pflanzen.

I. Atlantischer Ocean.

1. Von 29° 40′ n. Br. u. 40° w. L. von Paris bis 18° 13′ n. Br. u. 60° 16′ w. L. v. P., den 2.—6. Juni. Durchquerung von schwimmendem *Sargassum*, welches am dichtesten ungefähr zwischen 29° n. Br. u. 40° 30′ w. L. u. 26° n. Br. u. 46° w. L.

II. Kleine Antillen.

1. Guadeloupe, den 7. Juni.
2. Martinique, den 8.—10. Juni.

a) Von St. Pierre nach Morne-Rouge und zurück. 0—430 m Seehöhe.
b) Von St. Pierre nach Fort de France über das Gebirge. Etliche 100 m Seehöhe. Regenwald (Baumfarne, *Bambuseen*, Kletterpalmen, *Heliconien*, *Pterolepis*, *Wedelia*).
3. Trinidad, den 11. Juni.

III. Venezuela.

1. Carúpano, La Guayra, Caracas, den 12. und 13. Juni.

IV. Columbien.

1. Baranquilla und von Baranquilla den Rio Magdalena aufwärts bis Honda mit Seitenausflug den Rio Lebrija hinauf und herunter, den 15. Juni bis 4. Juli. Ca. 4—200 m Seehöhe.

Gebiet der tierra caliente. Der Küste zu *Hippomane Mancinella*. Am unteren Magdalena Grasfluren mit *Prosopis*, weiter stromaufwärts und an den Ufern des Rio Lebrija dichter Urwald (Riesige *Bombaceen*, *Cocos butyracea*, *Sabal mauritiiforme* (?), *Bactris*, *Astrocaryum*, *Phytelephas*, *Cecropien*, *Salix*, *Heliconia Bihai*, *Bignoniaceen*, *Tillandsia*). Kurz unterhalb Honda im Urwald *Martinezia*, hierauf Gebüschlandschaft (*Paeonia*, *Turnera ulmifolia*, *Lantana*) und geschlossene Palmenbestände (*Raphia* sp.).

2. Von Honda den Westhang der Ostcordillere hinauf auf die Hochebene von Bogotá, den 4.—6. Juli.

Erste Strecke tierra caliente: ca. 200—1000 m Seehöhe. Zweite Strecke tierra templada: ca. 1000—2000 m Seehöhe. Viel Gebirgswald (*Cocos Sancona* sp., *Ceroxylon*, Baumfarne, *Chusquea*), auffallender Blütenreichtum (*Epidendrum*, *Lantana*, *Begonia*, viel *Melastomaceen*, *Kohleria*, *Eupatorium*), Farnheide (*Pteris*), *Salix Humboldtiana*. Dritte Strecke tierra fria: 2000—2750 m Seehöhe. Anfangs Gebirgswald (*Quercus*, *Bomarea conferta*, *Salcia*[1], *Tusconia glaberrima*, *Castilleja*), hierauf nahezu baumloses Gebiet der Hochebene.

(Von den zwischen Baranquilla und Honda, namentlich aber von den in der tierra templada, zwischen Honda und der Hochebene gesammelten sehr saftigen Pflanzen ging trotz Behandelns mit verdünntem Alkohol und öfteren Umlegens in frisches Löschpapier, veranlasst durch die Feuchtigkeit der Atmosphäre, ein grosser Teil zu Grunde.)

3. Von Bogotá auf den Monserrate und zurück, den 8. Juli.

Tierra fria und Páramo: 2600—3132 m Seehöhe. Zwergstrauch- und Krautvegetation (*Acaena*, *Oxalis*, zahlreiche *Melastomaceen*, *Gaultheria conferta*, *Arcytophyllum*, *Siphocampylus*, *Achyrocline*, *Espeletia argentea*).

(Die hier gesammelten, alpinen Gewächse, ebenso wie die später in der Centralcordillere Columbiens, im interandinen und Páramo-Gebiet Ecuadors und in der Punaregion Perus und Boliviens gesammelten Pflanzen liessen sich, dank der trocknenden Eigenschaft der Hochgebirgsluft, mit Leichtigkeit konservieren.)

---

[1] Die zwei hier zuletzt genannten Pflanzen könnten auch noch zum Gebiet der tierra templada gehört haben.

4. Von Bogotá nach dem Tequendamafall und zurück, den 10. und 11. Juli.

Tierra fria und baumloses Gebiet der Hochebene. Vom Rand der Hochebene abwärts zu oberst Strauchwuchs, dann üppiger Bergwald (*Tibouchina, Cuphea, Duranta, Solanum, Gnaphalium*). Seehöhe 2600—2100 m.

5. Von der Hochebene von Bogotá den Westhang der Ostcordillere hinunter nach Girardot, den 12. und 13. Juli.

Vom Rand der Hochebene abwärts, erste Strecke tierra fria; 2600—2000 m Seehöhe. Urwald (Baumfarne, *Bocconia frutescens*, Fuchsien). Zweite Strecke tierra templada; 2000—1000 m Seehöhe. Vorwiegend Gebüschlandschaft (*Bambuseen*). Dritte und längste Strecke tierra caliente; 1000 bis ca. 250 m Seehöhe. Gebüschlandschaft und dichter Wald (*Mimosaceen, Cactaceen,* Palmen).

6. Von Girardot nach Ibagué über die Llanos des Rio Magdalena, den 14. und 15. Juli.

Grössere Strecke tierra caliente; 250—1000 m Seehöhe. Grasfluren mit einzelnen Palmen und baumförmigen *Mimosaceen*. Kleinere Strecke tierra templada; 1000—1300 m Seehöhe. So ziemlich baumlose Grassteppe (*Portulacca pilosa, Sida*).

7. Von Ibagué den Osthang der Centralcordilleren hinauf bis auf den Páramo des Quindiu und zurück, den 17. bis 22. Juli.

Erste, ganz kurze Strecke tierra templada: 1300—2000 m Seehöhe (*Lantanen, Mimosaceen*). Die zweite, ca. elfmal so lange Strecke tierra fria: 2000—3420 m Seehöhe. Meist lichter Wald (*Ceroxylon andicola, Oreodoxa frigida, Tibouchina* und andere *Melastomaceen*-Gattungen, *Kohleria, Heliotropium, Salvia* nov. spec. häufig, verschiedene *Solanaceen, Calceolaria, Fuchsia*). Sogar auf der Passhöhe des Páramo noch Waldlandschaft, die Bäume teilweise mit Epiphyten behangen.

(Auf dieser Strecke sammelte ich vier neue Arten: 1 *Uredo*, 1 *Tillandsia*, 1 *Salvia*, 1 *Solanum*.)

8. Von Ibagué über die Llanos des Rio Magdalena nach Ambalema, den 23.—25. Juli.

Erste kurze Strecke tierra templada: 1300—1000 m Seehöhe. Vorwiegend Grasfluren. Zweite, längere Strecke tierra caliente: 1000—236 m Seehöhe. Vorwiegend Grasfluren (*Acacia Farnesiana, Mimosa pudica*); zum Schluss lichter Wald.

9. Von Ambalema über Honda den Rio Magdalena hinunter nach Baranquilla, den 26. Juli bis 3. August.

Tierra caliente; 236 — ca. 4 m Seehöhe. Urwald. Grasfluren.

10. Von Baranquilla über Calamar nach Cartagena und Umgegend, den 4.-8. August.

Tierra caliente; 4 — ca. 150 m Seehöhe. Grasfluren und Buschwald. Gegen Cartagena zu höherer Wald (*Cecropien*, Palmen, *Cydista aequinoctialis*). Bei Cartagena selbst seewärts Mangrovelandschaft, landeinwärts streckenweise lichter Wald (*Capparis pulcherrima, Ipomoea trifida, Wedelia* spec.).

11. Landenge von Panamá, den 10. August.

Tierra caliente: 0—70 m Seehöhe. Üppiger tropischer Regenwald.

V. Ecuador.

1. Umgegend von Guayaquil, den 15. August, den 3.—5. September. Ca. 0—4 m Seehöhe.

Trockenes Küstengebiet (*Cochlospermum vitifolium*). Westlich von Guayaquil Mangrovelandschaft (*Symbolanthus, Macrantisiphon longiflorus*): südlich und östlich Baumsteppe (*Prosopis*), östlich untermischt mit Buschwald und Sumpfstrecken (*Ipomoea fistulosa*).

2. Von Guayaquil den Rio Guayas aufwärts bis Babahoyo, den 18. August. 0—5 m Seehöhe.

Erste Strecke trockenes Küstengebiet mit Baumsteppe, zweite Strecke feuchtes Gebiet am Fuss der Anden, üppigere Vegetation.

3. Von Babahoyo über Balsabamba, den Westhang der Westcordillere hinauf, den 19.—21. August. 5— ca. 3000 m Seehöhe.

Erste, ganz kurze Strecke Grasfluren, dann fast ununterbrochen mehr oder weniger üppiger Regenwald (Ungefähr in folgender Reihenfolge aufwärts: *Phytelephas, Carludovica, Bactris, Lantanen, Ceroxylon, Cinchona, Begonia, Gnaphalium, Chusquea, Miconia, Calceolaria, Jacobinia colorata, Heliotropium, Fuchsia, Salvia.*)

4. Vom Kamm der Westcordillere über Chapacoto nach Guaranda, den 22. und 23. August.

Interandines Gebiet. Ziemlich trocken und vegetationsarm. *Cacteen* und *Agaven*, etwas Buschwald (*Coursetia dubia, Barnadesia, Mutisia*). Ca. 3000—2600 m Seehöhe.

5. Von Guaranda auf den Páramo des Chimborazo nach Chuquipoquio und zurück, den 26. und 27. August. 2700— ca. 4000 m Seehöhe.

Erste, kurze Strecke teilweise lichter Wald (unter anderen *Podocarpus, Polylepis, Daphnopsis*); hierauf baumlose Páramosteppe (in den tieferen Regionen *Azorella*- und *Acaena*-Polster, *Ranunculus*, viel *Gentiana sedifolia* und andere Gentianaceen, *Calceolaria ericoides, Erigeron, Achyrocline, Hypochaeris* etc., in den oberen ziemlich ausschliesslich *Stipa Ichu*, vereinzelt *Werneria rubigena, Chuquiraga insignis*).

6. Von Guaranda den Westhang der Westcordillere über Pozuelos hinunter nach Babahoyo, den 28.—31. August.

Erste Strecke, 2600—3000 m Seehöhe; vegetationsarmes, interandines Gebiet (*Cereus*). Zweite Strecke, 3000—160 m Seehöhe; unterhalb des Kammes der Westcordillere zusammenhängender Regenwald, welcher von ca. 1000 m Seehöhe abwärts überaus üppig wird (*Clusia*; Kräuter und Sträucher ungefähr wie unter Ecuador Route 3)[1]). Dritte Strecke, 160— 5 m Seehöhe; anfangs hoher Urwald (*Eucharis, Bomarea, Ossea*), hierauf Gebüschland und Grasfluren von Baumsteppencharakter.

(Auf der Tour von Babahoyo zum Chimborazo und zurück sammelte ich drei neue Arten: 1 *Miconia*, 1 *Salvia*, 1 *Centropogon*. (?).)

---

[1]) Auf dieser Strecke fiel das Packpferd, welches das Herbarium trug, in einen Seitenarm des Rio de Pozuelos und gingen hierdurch manche Pflanzen verloren, andere wurden durch das Wasser arg beschädigt.

VI. Peru.

1. Von Guayaquil der Küste entlang nach Callao, den 6. bis 12. September.
Wüste (*Porliera hygrometrica*). Teilweise Dünenlandschaft (*Distichlis prostrata*): spärliche Kraut- und Strauchvegetation (*Malvaceen*, *Baccharis alnifolia*): einzelne baumförmige *Mimosaceen* (*Acacia Aroma*): an den Flussufern *Salix Humboldtiana*. Wenig über Meeresniveau.

2. Umgegend von Lima, den 14., 18. und 20. September. 140 — ca. 300 m Seehöhe.
Wüste und Steppe (*Nolana prostrata*, *Solanum pinnatifidum*). In den Flussthälern etwas vegetationsreicher.

3. Von Lima quer über die Anden nach Oroya und zurück, den 16. und 17. September.
Küsten- und alpine Wüste. Untere Strecke, 160—3200 m Seehöhe: baumförmige *Mimosaceen*, *Cactaceen*, Sträucher. Mittlere Strecke, 3200—4100 m Seehöhe: vorwiegend Kräuter (*Piqueria artemisioides*, *Eupatorium*, *Senecio* und andere *Compositen*, *Lupinus bogotensis var.*). Obere Strecke, 4160—4775 m Seehöhe und den Osthang hinunter bis 3700 m Seehöhe: Puna mit Polsterpflanzen und *Stipa Ichu*.
(Auf der mittleren Strecke sammelte ich einen neuen *Senecio*.)

4. Von Callao die Küste entlang nach Mollendo und Umgegend von Mollendo, den 24.—26. September.
Wüste und Steppe. Wenig über Meeresniveau. In der Litoralregion *Gymnogongrus vermicularis* und *Grateloupia schizophylla*.

5. Von Mollendo über Arequipa nach Puno am Titicacasee, den 27.—29. September.
Untere Strecke, ca. 10—2300 m Seehöhe; Krautsteppe (*Verbena calcicola*, *Malvastrum*, *Cereus*, *Oenothera albicans*) und Sandwüste, letztere vorherrschend. Obere Strecke, 2300—4470 m Seehöhe: Steinwüste mit *Cereus*-Arten, hierauf Puna mit einzelnen Zwergsträuchern (*Lepidophyllum quadrangulare*, *Senecio graveolens*), *Stipa Ichu* und Lichenen.

VII. Bolivien.

1. Von Chililaya am Titicacasee nach La Paz, den 1. und 2. Oktober.
Bis an den oberen Thalrand des Kessels von La Paz, strauchlose, ichubedeckte Puna: 4000 m Seehöhe. Thal von La Paz, einzelne Kräuter und Sträucher (häufig *Solanum* nov. spec.); 3700—4000 m Seehöhe.

2. Von La Paz bis Oruro, den 3.—5. Oktober. 3800 — ca. 4100 m Seehöhe.
Puna. Erste Strecke: *Stipa Ichu*, *Azorella*-Polster, *Senecio spinosus*, *Baccharis microphylla*. Zweite Strecke: Abwechelnd *Stipa Ichu* und Strauchvegetation (*Lepidophyllum quadrangulare*). Dritte Strecke: Wüste mit vereinzelten Polsterpflanzen.

3. Von Oruro zur chilenischen Grenze bei Oyaguë, den 6. und 7. Oktober. 3760 m Seehöhe und darunter.

Erste Strecke: Puna wie zwischen La Paz und Oruro. Zweite Strecke vorwiegend Lehm- und Salzwüste.

VIII. Chile.

1. Von der bolivianischen Grenze nach Antofagasta, den 7. und 8. Oktober. 3900 — ca. 2 m Seehöhe.

Salz-, Stein- und Erdwüste (*Lepidophyllum cupressinum*). Wüste Atacama. In der Küstencordillere spärlich Gras- und Krautvegetation.

2. Von Antofagasta längs der Küste nach Valparaiso, den 11.—14. Oktober. 1 bis etwa 30 m Seehöhe.

Bis Caldera wüstenartig (*Mentzelia chilensis var. atacamensis, Cruikshanksia tripartita*). Von da ab etwas Vegetation (*Heliotropium stenophyllum, Eritrichium, Solanum maritimum, Senecio Berterianus*).

3. Von Valparaiso auf den Uspallatapass, den 14.—16. Oktober.

Erste Strecke, vom Meeresniveau an bis etwa 1000 und mehr m Seehöhe: abwechselnd Baumsteppe und Hartlaubgehölze. Zweite Strecke, bis ca. 2000 m Seehöhe: fast baumlose andine Region. Vorwiegend Kräuter und Sträucher, Hartlaubgehölze (*Podocarpus chilina*[1]), *Cereus* und grosse feldkürbisähnliche *Echinocacteae*[2], *Tropaeolum tricolor. Calceolaria, Haplopappus velutinus*). Dritte Strecke bis 3910 m Seehöhe: nahezu vegetationslose, zu dieser Jahreszeit fast vollständig schneebedeckte, alpine Wüste. Bei etwa 3000 oder 3200 m die letzten Pflanzen (*Cerastium arvense*) im Schnee bemerkbar.

IX. Argentinien.

1. Vom Uspallatapass bis Mendoza, den 17. und 18. Oktober.

Erste Strecke alpine Wüste: von 3910—3000 m Seehöhe zu dieser Jahreszeit schneebedeckt; von 3000—2300 m Seehöhe an schneefreien Stellen einzelne dornige Zwergsträucher (zu höchst ein noch blätter- und blütenloser Strauch [*Composite* ?], weiter abwärts *Tetraglochia stricta*), zu unterst vereinzelt Graswuchs. Zweite Strecke von 2300—800 m Seehöhe: Kraut- und Strauchvegetation, streckenweise Kraut- und Strauchsteppe (*Microgenetes Cumingii, Senecio, Suaeda divaricata*); in der Sierra de Uspallata Sträucher (*Larrea divaricata*), Kräuter (*Sisymbrium, Eutoca lomarifolia*); an *Cacteen: Opuntia, Cereus* u. a.

2. Von Mendoza nach Buenos Aires, den 19. und 20. Oktober.

Kleinere, westliche Strecke, 800—760 m Seehöhe, Strauchsteppe. Grössere, östliche Strecke, 760 bis ca. 2 m Seehöhe. Pampa, vorwiegend Grasland (z. B. *Aristida pallens*, mehr oder weniger begleitet von *Verbena tenera* und *Descurainia canescens*): einzelne Galleriegehölze.

X. Brasilien.

1. Corcovado bei Rio de Janeiro, den 26. Oktober. Tropischer Regenwald. 300—400 m Seehöhe.

---

[1] Nördlichster der bisher bekannten Standorte.
[2] *Echinocactus sandillon* Gay (??).

Liste der gesammelten Pflanzen.
Cryptogamae.
Algae.

Familie *Ulvaceae*.

1) *Ulva lactuca* (L) Le Jol. *a rigida* Ag. — Mollendo (Südperu). September.

Nach Rabenhorst (Kryptogamenflora. Meeresalgen II S. 437) und Kützing (Species Algarum p. 476. 477) ist diese Art in der Nord- und Ostsee, dem Adriatischen Meer und dem Atlantischen und Stillen Ocean verbreitet.

Familie *Fucaceae*.

2) *Sargassum bacciferum* (Turn.) J. Ag. — Atlantischer Ocean. ca. 29° n. Br., 40°, 40' w. L. von Paris. Den 2. Juni.

Diese *Fucacee* ist nach Agardh (Species, Genera et Ordines Algarum I p. 344), hauptsächlich im Atlantischen Ocean verbreitet, aber auch im Mittelmeer und im Stillen und Indischen Ocean vorkommend. Kuntze (Engler: Botanische Jahrbücher I 220) nennt sie aus allen Meeren.

Familie *Gigartinaceae*.

3) *Gymnogongrus vermicularis* (Turn.) J. Ag. (= *Chondrus concinnus* Kütz.). — Mollendo (Südperu). September.

Agardh (l. c. III 1 p. 213) nennt diesen *Gymnogongrus* von der peruanischen und der chilenischen Küste, ausserdem vom Kap der Guten Hoffnung.

4) *Gigartina contorta* Bory. — Salaverry (Nordperu). September.

Diese *Gigartina* steht nach Reinbold der *G. Lessonii* nahe und hat nach Agardh (l. c. III 1. p. 190) ihren Fundort an der chilenischen Küste.

Familie *Grateloupiaceae*.

5) *Grateloupia schizophylla* Kütz. (forma *Grat. Cutleriae* Bind.? sec. J. Ag.). — Mollendo (Südperu). September.

Agardh (l. c. III 1 p. 155) erwähnt diese Art von der chilenischen Küste.

Fungi.

Familie *Pucciniaceae*.

6) *Uromyces Hedysari paniculati* Farl. — Östlich von Mediacion und zwischen Mediacion und El Moral, Quindiupass in der Centralcordillere (Columbien): über 2000 m Seehöhe. Juli.

Auf *Desmodium mexicanum* Wats. gesammelt.

Engler und Prantl (die natürlichen Pflanzenfamilien I 1** S. 58) sagen, dass dieser Pilz auf *Desmodium*-Arten in Nordamerika vorkommt.

7) *Uredo Theresiae*[1]) Neger nov. spec. — Zwischen El Moral und Machin, Quindiupass, Centralcordillere (Columbien): 2000—2400 m Seehöhe. Den 18. Juli.

Auf *Crotalaria anagyroïdes* H., B. et K.

(Beschreibung dieser neuen Art durch Dr. Neger siehe am Schluss des ganzen Aufsatzes).

---

[1]) Siehe Figur S. 78.

Familie *Dothideaceae.*
8. *Phyllachora Durantae* Rehm. — Tequendama bei Bogotá (Columbien): 2000—2500 m Seehöhe. Juli.
   Diesen Pilz sammelte ich auf *Duranta Mutisii* L. f. und *Duranta triacantha* Juss.
   Lagerheim (Hedwigia 1892 p. 306) hat ihn auf *Duranta*-Blättern in der Nähe von Quito (Ecuador) gefunden.
9. *Dothidea?* spec. — Quindiupass, Centralcordillere (Columbien). Juli. Auf Blättern einer *Cavendishia.*
   „Da keiner der vorhandenen Fruchtkörper reife Sporen enthält, so ist eine Bestimmung der Gattung unmöglich. Der Mangel eines Gehäuses, die schwarze, knollige Beschaffenheit des Stromas aber, sowie der ganze Habitus der Fruchtkörper lassen darauf schliessen, dass der Pilz in die Familie der *Dothideaceae* gehört.
   Zahlreiche Vertreter dieser Familie sind in Südamerika als Parasiten auf den verschiedensten Pflanzen (besonders solchen mit cactusartigen Blättern) weit verbreitet. (Neger.)"

Familie *Melanconidaceae.*
10. *Corynelia clavata* Sacc. (= *Endohormidium tropicum* Awd. et Rabh.) — Östlich von Ornillo, auf dem Uspallatapass (Chile): ca. 1300 m Seehöhe. Oktober.
    Diesen Pilz sammelte ich auf *Podocarpus chilina* A. Rich.
    Corynelia clavata hat ihren Standort auch auf südafrikanischen und neuseeländischen *Podocarpus*arten (Engler und Prantl: Die natürlichen Pflanzenfamilien I 1 S. 412.)

Lichenes.

Familie *Hymenolichenes.*
11. *Cora reticulifera* Wain. — Zwischen Mediacion und Ibagué, Quindiupass (Columbien): 2000—2600 m Seehöhe. An Abhängen. Juli.
    Diese Lichenenart wurde von Wainio (Études sur la classification des Lichenes du Brésil II 241) 1890 aus Brasilien beschrieben. Nylander (Annales des Sciences naturelles Série. IV. Bot. XX. 1863. p. 244) erwähnt vom Quindiupass nur *Cora pavonia* Web.

Familie *Parmeliaceae.*
12. *Usnea florida, var. comosa* (Ach.) Wain. — Columbien. Juni, Juli oder August. (Nähere Fundortsangaben verloren gegangen).
    Wainio (l. c. I 3) führt diese Varietät aus Brasilien aus Höhen zwischen 1000 u. 1500 m an. Nylander hat sie (Ann. Sciences Nat. Série IV. Bot. XIX. 1863. p. 298 et s. und Série V. Bot. VII. p. 300 et s.) unter den columbianischen Lichenen nicht genannt.
13. *Usnea* spec. — Zwischen Alto de Pontezuela und Mediacion, Osthang der Centralcordillere (Columbien): 2000—2600 m Seehöhe. Den 17. Juli.

Familie *Stereocaulaceae*.
14. *Stereocaulon ramulosum* Ach. — Quindiupass, Centralcordillere (Columbien): über 3000 m Seehöhe. Juli.
Diese *Stereocaulon*-Art wird im Prodromus Florae Novo-Granatensis (Annales Sciences Nat. Sér. IV. Botan. XIX. 1863. p. 295) aus grossen Höhen angegeben.

Musci.

Familie *Sphagnaceae*.
15. *Sphagnum medium* Sembr. — Quindiupass (Columbien), Departement Tolima; 3000—3400 m Seehöhe. Juli.
Diese in Amerika und Europa weit verbreitete Art scheint, nach Warnstorf, aus diesem Teile Südamerikas bisher nicht bekannt gewesen zu sein. Hampe (Ann. Sc. Nat. Sér. V. Bot. 1866. p. 334) führt aus Columbien zwei andere *Sphagnum*-Arten an.

Familie *Neckeraceae*.
16. *Prionodon longissimus* Ren. et Card. — Zwischen Pucará und San Antonio, Westhang der Westcordillere (Ecuador), Weg Guaranda — Babahoyo: 2000—3000 m Seehöhe.
Sowohl in Paris, E. G., Index bryologicus 1894—98, wie im Bulletin de la Société royale botanique de Belgique. I. 1894. p. 178 sind die Anden von Costarica als Fundort dieser Art genannt. Keines dieser beiden Werke hat mir zur persönlichen Einsicht vorgelegen.

Filicales.

Familie *Hymenophyllaceae*.
17. *Hymenophyllum ciliatum* Sw. — Quindiupass, Centralcordillere (Columbien); 3000—4000 m Seehöhe. Juli.
Sturm (Martii Flora brasiliensis I, 2 p. 293) führt diese Art aus Brasilien, Guyana, Venezuela u. Jamaica, Mettenius (Annales Sc. Nat. Sér. V. Botan. 1864. p. 198) speziell von der Hochebene von Bogotá aus 1900 m Seehöhe und Christ (die Farnkräuter der Erde, 19) aus dem ganzen tropischen Amerika bis Chile, aus Afrika und aus dem Himalaya an. Im Kew-Herbar (Hemsley in Biologia centrali-americana. Botany. III. 598) befinden sich auch Exemplare aus Neu-Seeland.

Familie *Cyatheaceae*.
18. *Cyathea* spec. (unvollständiges Exempl.) — Morne-Rouge, im Gebirge oberhalb St. Pierrre auf Martinique (Kleine Antillen); ca. 400 m Seehöhe. Juni.
19. *Acrostychum* (*Elaphoglossum*) nov. spec. (?). — Bergwald zwischen Pucará und San Antonio, Westhang der Westcordillere (Ecuador), Weg Guaranda — Babahoyo: 2000—3000 m Seehöhe.
Da an diesem Exemplar die fertilen Wedel fehlen, ist es kaum sicher als nov. spec. zu bezeichnen.

Familie *Polypodiaceae*.
20. *Polypodium angustifolium* Sw. — Bergwald zwischen Pucará und San Antonio, Westhang der Westcordillere (Ecuador), Weg Guaranda-Babahoyo: 2000—3000 m Seehöhe. ; August.

Diese Farnart hat nach Baker (Martii Flora brasiliensis I, 2 p. 530) ein Verbreitungsgebiet, welches sich von Mexiko und Cuba bis Peru und Südbrasilien erstreckt. Kunth (Nov. Gen. et Spec. Plant. I. p. 6.) erwähnt Fundorte aus der Provinz Chimborazo (Ecuador), und Christ (die Farnkräuter der Erde. 96)sagt, dass *P. angustifolium* im tropischen Amerika nirgends fehlt und dort gemein ist.

21. *Polypodium* (= *Goniopteris* = *Phegopteris*) *tetragonum* Sw. — Urwald bei La Dorada, am mittleren Rio Magdalena (Columbien): ca. 200 m Seehöhe. Juli.

Dieses *Polypodium* ist nach Baker (Martii Flora bras. I. 2 p. 506) von Mexiko bis Peru und Brasilien und auf den Antillen verbreitet, nach Christ (l. c. 269) auch in Florida. Mettenius (l. c. 242) nennt diese Art speziell vom Rio Magdalena aus 100 m Seehöhe.

22. *Adiantum macrophyllum* Sw. — Urwald bei Pacaná am Rio de Pozuelos (Westecuador): 475 m Seehöhe. August.

Salomon (Nomenclator der Gefässkryptogamen S. 20) nennt als Verbreitungsgebiet dieser Art Ecuador, Brasilien, Westindien und Mexiko. Mettenius (l. c. 214) führt sie aus Columbien von den verschiedensten Fundorten an, Kunth (Nov. Gen. et Spec. Plant. I. p. 16) aus Venezuela, Baker (Martii Flora bras. I. 2 p. 378) ausser aus den obengenannten Ländern auch aus Centralamerika und den Antillen. Christ (l. c. 137) sagt, dass sie von Westindien bis Brasilien gemein ist.

23. *Adiantum tetraphyllum* Willd. — Urwald bei Mochila, am mittleren Rio Magdalena (Columbien); ca. 140 m Seehöhe. Juli.

Diese Farnart ist nach Baker (Martii Flora bras. I, 2, p. 374) und Christ (l. c. 136) im ganzen tropischen Amerika und im tropischen Westafrika verbreitet. Mettenius (l. c. 214) führt sie aus Muzo in Columbien an.

24. *Cheilanthes radiata* R. Br. — Corcovado bei Rio de Janeiro (Brasilien). Ende Oktober.

Diese *Cheilanthes*-Art hat nach Baker (Martii Flora bras. I. 2 p. 387) ihre Fundorte im ganzen tropischen Amerika, nach Christ (l. c. 143) von Westindien bis Südbrasilien.

25. *Aspidium* (= *Nephrodium*) *conterminum* Desv. — Gebirgswald im Inneren von Martinique (Kleine Antillen), zwischen St. Pierre und Fort de France. Juni.

Mettenius (l. c. 246) erwähnt diese Art aus Columbien, Baker (l. c. I, 2 p. 477) aus Brasilien und dem ganzen übrigen tropischen Amerika; Christ (l. c. 252) sagt, dass sie im tropischen Amerika bis nach den La-Plata-Staaten und Chile gemein ist.

26. *Aspidium* (= *Nephrodium*) *patens* Sw. — Bergwald zwischen Pucará und San Antonio, Westhang der Westcordillere (Ecuador): 2000—3000 m Seehöhe. August.

Dieses *Aspidium* erwähnen Baker (l. c. I, 2 p. 470) und Christ (l. c. 251) aus dem tropischen und subtropischen

Amerika, dem tropischen Afrika, von den Inseln des Stillen Oceans und aus Japan, Mettenius (l. c. 247) führt es aus Columbien aus Höhen zwischen 400 und 1800 m an.

27. *Meniscium reticulatum* Sw. — Gebirgswald, im Innern von Martinique (Kleine Antillen), zwischen St. Pierre und Fort de France. Juni.

Baker (l. c. I 2 p. 564) sagt, dass diese *Polypodiacee* im ganzen tropischen Amerika verbreitet ist.

Familie *Gleicheniaceae*.

28. *Gleichenia* (= *Mertensia*) *dichotoma* Willd. — Morne-Rouge, bergwärts von St. Pierre auf Martinique (Kleine Antillen); ca. 400 m Seehöhe. Juni.

Christ (die Farnkräuter der Erde, 343) führt diesen Farn aus den tropischen und subtropischen Regionen fast der ganzen Erde an und sagt, dass er der gemeinste aller Gleichenien ist.

Lycopodiales.

Familie *Lycopodiaceae*.

29. *Lycopodium cernuum* L. — Gebirgswald im Innern von Martinique (Kleine Antillen), zwischen St. Pierre und Fort de France. Juni.

Dieser weit verbreitete Bärlapp ist aus dem tropischen und subtropischen Amerika, aus Afrika und dem tropischen Asien und aus Polynesien verzeichnet. (Salomon l. c. 224); Braun (Ann. Sc. Nat. Sér. V. Botanique. 1865. p. 308) führt ihn aus Columbien an, Kunth (Nov. Gen. et Spec. Plant. I. 33) aus Venezuela und Spring (Martii Flora bras. I, 2 p. 114) aus Brasilien; letzterer sagt, dass er in allen tropischen Ländern sehr gemein ist.

30. *Lycopodium complanatum* L. — Monserrate oberhalb Bogotá (Columbien); zwischen 2700 und 3100 m Seehöhe. Juli.

Diese gleichfalls weit verbreitete *Lycopodium*-Art wächst in Nord- und Südamerika, auf Madeira, in Europa und in Kleinasien (Salomon l. c. 225). Braun (l. c. 308) erwähnt sie aus Bogotá aus gleichen Höhen wie ich, Spring (l. c. I, 2 p. 116) aus dem brasilianischen Gebirge.

Phanerogamae.
Coniferae.

Familie *Taxaceae*.

31. *Podocarpus chilina* A. Rich. — Östlich von Ornillo auf dem Uspallatapass (Chile); ca. 1300 m Seehöhe. Oktober. In Strauchhöhe wachsend; häufig.

Gay (Historia fis. y pol. de Chile. Botanica. V. 403) sagt, dass diese *Podocarpus*-Art im Süden Chiles vorkommt. Bisher nahm man ihre Nordgrenze bei ca. 35° 20' s. Br., ihre Südgrenze bei der Provinz Llanquihue an (Reiche: Die Verbreitungsverhältnisse der chilenischen Coniferen S. 4 und 8. Separatabdruck aus den Verhandlungen des deutschen Wissenschaftlichen Vereins in Santiago. IV): durch meinen Fund ist ihre Nordgrenze bis auf ca. 32° 50′ s. Br. hinaufgerückt worden.

Auf meinem Exemplar fehlt die auf *Podocarpus*-Arten wachsende, weitverbreitete *Corynelia clavata* Sacc. nicht (siehe weiter oben S. 9.)

32. *Podocarpus Sprucei* Parl. — Vor der Passhöhe südlich des Chimborazo (Ecuador): zwischen 3000 und 4000 m Seehöhe. August.

Parlatore (De Candolle: Prodomus XVI, 2 p. 510) verzeichnet diesen *Podocarpus* aus den Anden der Äquatorialzone.

Monocotyledoneae.

Familie *Gramineae*.

33. *Distichlis prostrata* Desv. — Zwischen Chimu und Trujillo (Nordperu) auf Sandboden, unfern der Küste: ungefähr im Meeresniveau. September.

Gay (Hist. fis. y polit. de Chile. Botanica. VI. p. 399) führt diese *Gramineen*-Art aus Valparaiso an, Hemsley (Biolog. centr. am. III. 578) aus Mexiko und von Venezuela bis Chile.

34. *Aristida pallens* Cav. — Östlich von San Luiz, in den Argentinischen Pampas.

Nach Neger ist dies die häufigste der unter dem Namen „Pampasgras" bekannten *Gramineen*.

Doell (Martii Flora bras. II. 3, p. 14) führt *A. pallens*, welche in verschiedenen Varietäten weitverbreitet ist, aus Brasilien und Uruguay bis Paraguay an, Kunth (Enumeratio Plant. I. 192) ausserdem aus Chile; Trinius u. Rupprecht (Mémoires de l'Acad. de St. Pétersb. Sér. VI. T. VII. p. 117) erwähnen sie überdies aus Peru und Mindanao; im Kew Index (I. 187) ist sie auch aus Argentinien angeführt[1]).

Ich sammelte diese Art auch 10 Jahre früher, und zwar in den Campos bei San Paulo (Brasilien).

35. *Chusquea* spec. — Zwischen Guadualita und Verjel, Westhang der columbianischen Ostcordillere: Departement Cundinamarca. Gegen 1500 m Seehöhe. Juli.

Da an diesem Exemplar die Blüten fehlen, ist eine genauere Bestimmung unmöglich.

36. *Chusquea* spec. — Zwischen Pocho de Santa Lucia und Las Palmas, Westhang der Westcordillere (Ecuador); 2000—3000 m Seehöhe. August.

Da an diesem Exemplar die Blüten fehlen, ist eine Bestimmung der Spezies ausgeschlossen.

37. *Chusquea* spec. — Zwischen Balsabamba und Santa Lucia, Westhang der Westcordillere (Ecuador); 650—2000 m Seehöhe. August.

Da an diesem Exemplar die Blüten fehlen, ist eine Bestimmung der Spezies ausgeschlossen.

---

[1]) Letztere zwei Verbreitungsgebiete beziehen sich nur auf die *var. murina* (*A. murina* Cav.), welche von Einigen als eigene Art aufgestellt wird.

Familie *Cyperaceae.*
38. *Cyperus Papyrus L.* — Aus einer Ciénaga (Tümpel) unmittelbar bei Baranquilla (Nordcolumbien).
Diese aus der östlichen Hemisphäre eingeschleppte *Cyperacee* bedeckt hier den Wasserspiegel auf weite Strecken.
39. *Dichromena ciliata* Vahl. — Salto de Tequendama bei Bogotá (Columbien). Mehr als 2200 m Seehöhe. Juli.
Nees (Martii Flora brasiliensis. II. 1. p. 112) erwähnt diese *Cyperacee* aus Brasilien, von Pará südwärts bis Bahia, und Hemsley (Biologia centrali-americana. Botany. III. 457) ausserdem aus Mexiko, Centralamerika, Columbien bis Chile, Guyana und Westindien.
40. *Dichromena pura* N. ab Es. — Zwischen Buenavestica und El Moral, Osthang der Centralcordillere (Columbien), Quindiupass: ca. 2000 m Seehöhe. Juli.
Nees (Martii Flora bras. II. 1, p. 112) führt diese Art aus San Vincente (Kleine Antillen) u. aus Französisch-Guyana an.

Familie *Palmae.*
41. *Bactris* (= *Guilielma*) *granatensis* Dune. — Boca de Saino am mittleren Rio Magdalena (Columbien): ca. 100 Seehöhe. Den 30. Juni.
Nach Karsten (Florae Columbiae Spec. Select. I. p. 127) wächst diese Palme an feuchtwarmen, schattigen Plätzen in Columbien und Venezuela. Ob sie in Brasilien vorkommt, ist zweifelhaft (Karsten l. c. I. p. 128. — Drude [Martii Flora bras. III. 2, p. 352]).
42. *Martinezia* (= *Marara*) *bicuspidata* Drude. — Urwald bei La Dorada am mittleren Rio Magdalena (Columbien); ca. 200 m Seehöhe.
Karsten (Flor. Col. Spec. Sel. II. p. 133) giebt diese Palme aus dem westlichen Venezuela, aus 1000 m Seehöhe an.
43. *Attalea* subgen. *Scheelea?* (*Sch. regia* Karst?) oder *Cocos* subgen. *Syagrus?* — Urwald bei Mochila am mittleren Rio Magdalena (Columbien): ca. 140 m Seehöhe. Den 2. Juli.
Die in Karsten (l. c. II. T. CLXXVI) abgebildete *Scheelea regia*, welche für die Palmenvegetation der Magdalenaufer (Columbien) charakteristisch ist, kommt nach genanntem Autor (l. c. II. p. 145) auch im Caucathal (Columbien) und bis zu 1000 m Seehöhe vor.

Familie *Araceae.*
44. *Anthurium Buonaventurae* Engler. — Urwald bei Mochila am mittleren Rio Magdalena (Columbien): ca. 140 m Seehöhe. Den 2. Juli.
Engler (Botanische Jahrbücher. XXV. S. 363) nennt als Fundort dieser erst im Jahre 1898 publizierten Art den Westen Columbiens.
45. *Anthurium pulchellum* Engler(?) — Urwald zwischen Pacaná und Playa Limon am Rio de Pozuelos (Westecuador): ca. 300—400 m Seehöhe. Den 30. August.

Als Fundorte von *A. pulchellum* giebt Engler (Botanische Jahrbücher VI. 274 und XXV. 377) Höhen von 2000 m im oberen Caucathal (Columbien) an.

Mein Exemplar ist zu unvollkommen, als dass es mit Sicherheit bestimmt werden könnte.

46. *Monstera pertusa* (*L.*) Vriese. — Urwald bei Boca de Saino am mittleren Rio Magdalena; ca. 100 m Seehöhe. Den 31. Juli.

Diese *Monstera* ist nach Engler (Martii Flora bras. III, 2. p. 115) und Hemsley (Biologia centrali-americana. Botany. III. p. 427) in den Anden Columbiens, in Costarica, Venezuela, Guyana, Brasilien und auf den Antillen verbreitet.

47. *Philodendron verrucosum* Matthieu. — Wald zwischen Pacana und Playa Limon am Rio de Pozuelos (Westecuador); ca. 300—400 m Seehöhe. Den 30. August.

Engler (Martii Flora bras. III. 2. p. 139) verzeichnet dieses *Philodendron* aus der Westcordillere Columbiens.

48. *Philodendron* spec. — Urwald bei Mochila, am mittleren Rio Magdalena (Columbien); ca. 140 m Seehöhe. Den 2. Juli.

Der Zustand meines durch Feuchtigkeit teilweise zerstörten Exemplares lässt eine genauere Bestimmung nicht zu.

49. *Xanthosoma* spec. — Urwald zwischen Playas und Balsabamba am Rio Limon (Westecuador); ca. 100—600 m Seehöhe. Den 20. August.

Da ich nur ein junges Blatt gesammelt habe, ist eine Bestimmung der Spezies nicht möglich.

50. *Syngonium* spec. — Urwald bei La Ceiba am Rio Lebrija, Nebenfluss des Rio Magdalena (Columbien); ca. 70 m Seehöhe. Ende Juni.

Da an meinem Exemplar nur Blätter eines jungen Sprosses vorhanden sind, ist eine Bestimmung der Art nicht ausführbar.

51. *Syngonium* spec. — Urwald bei Boca de Saino am mittleren Rio Magdalena (Columbien); ca. 100 m Seehöhe. Den 31. Juli.

Da mein Exemplar ein junger Spross ist, ältere Blätter und Blüten fehlen, ist eine nähere Bestimmung ausgeschlossen.

52. *Pistia stratiotes* L. — Aus einer Ciénaga (Tümpel) bei Baranquilla (Nordcolumbien). Den 16. Juni.

Diese *Araceen*-Art ist nach Engler (Martii Flora bras. III. 2, p. 215, 216. — Engler und Prantl: die natürlichen Pflanzenfam. II. 3, S. 152), im tropischen Amerika, Afrika und Asien verbreitet und reicht auch in das subtropische Gebiet hinein.

Den unteren Rio Magdalena, bez. Brazo de Loba, aufwärts bis ca. 9° n. Br. sieht man einzelne *Pistia* im Strome treiben. Weiter oben konnte ich, wenigstens im Hauptstrom, keine mehr bemerken.

Familie *Bromeliaceae*.

53. *Guzmania?* spec. — Urwald zwischen Playa Limon und Pozuelos, am Rio de Pozuelos (Westecuador); 200—300 m Seehöhe. Den 30. August.

Wegen Mangels an Blüten ist diese *Bromeliacee* nicht näher bestimmbar.

54. *Tillandsia aloifolia* Hook. (= *T. flexuosa* Sw.). — Caño de Torcoroma am Rio Lebrija, Nebenfluss des Rio Magdalena (Nordcolumbien): ca. 60—70 m Seehöhe. Den 25. Juni.

Hooker (Exotic Flora. III. p. 205) nennt als Fundort dieser Art die Insel Trinidad, Swartz (Prodromus Vegetat. Ind. occidental. p. 56) die Insel Jamaica, Mez (De Candolle: Prodrom. Continuat. IX. p. 670) ausserdem andere von den Antillen, Florida, die Bahamainseln, Curaçao, Guyana, Venezuela und Columbien.

55. *Tillandsia Augustae regiae* Mez. nov. spec. — Osthang der Centralcordillere, Quindiuberge (Columbien). 2000—3000 m Seehöhe. Zweite Hälfte Juli.

Diese schöne, epiphytische Bromeliacee, welche ich auf dem Quindiupass mehrmals antraf, wurde von Professor Dr. Mez im Beiblatt zu Englers Botanischen Jahrbüchern. XXX. 1901 S. 10. beschrieben und ist diese Diagnose am Schluss des gegenwärtigen Aufsatzes nochmals abgedruckt.

(Abbildung siehe am Schluss meines Aufsatzes Tafel I.)

56. *Tillandsia fasciculata* Sw. (?). — Urwald von Mochila, am mittleren Rio Magdalena (Columbien) ca. 140 m Seehöhe den 2. Juli.

Swartz (Prodrom. Veget. Ind. occid. p. 56) führt *T. fasciculata* aus Jamaica an, Mez (De Candolle Prod. Cont. IX. p. 683—684) ausserdem aus anderen von den Antillen, aus Florida, von den Bahamainseln, aus Mexiko, Centralamerika, Columbien und Guyana.

57. *Tillandsia* spec. (Subgen. *Allardtia*). — Zwischen Mediacion und Ibagué, Ostseite der Centralcordiller (Columbien); Seehöhe 1500—2500 m. Den 22. Juli.

Dieses Exemplar ist, wie die zwei folgenden *Tillandsia*species, wegen Mangel an Blüten nicht näher bestimmbar.

58. *Tillandsia* spec. (Subgen. *Allardtia*). — Urwald zwischen Agua Santo und Pacana, am Rio de Pozuelos (Westecuador); 480—780 m Seehöhe. Den 29. Juli.

59. *Tillandsia* spec. — Urwald von Mochila am mittleren Rio Magdalena (Columbien): ca. 140 m Seehöhe. Den 2. Juli.

60. *Vrisea heliconioides* Lindl. (= *Tillandsia heliconioides* H. B. K.) — Urwald von Mochila am mittleren Rio Magdalena (Columbien); ca. 140 m Seehöhe den 2. Juli.

Humboldt (Kunth: Nov. Gen. et. Spec. Plant. 1. 234) nennt als Fundort dieser *Vrisea* gleichfalls die Ufer des Rio Magdalena, Mez (De Candolle: Prodr. Cont. IX. p. 591) ausserdem Holländisch-Guyana und Bolivien.

Familie *Commelinaceae*.

61. *Commelina cayennensis* Rich. — Morne-Rouge, oberhalb St. Pierre auf Martinique (Kleine Antillen): ca. 400 m Seehöhe. Anfang Juni.

Grisebach (Flora of the British Westindian Islands p. 524) nennt als Heimat dieser Art die Antillen, das amerikanische Festland von Missouri bis Brasilien, die Galápagos und Canarischen Inseln und das tropische Afrika, Ruiz et Pavon (Flora Peruviana et Chilensis. I. p. 44) führen sie auch aus Peru an und Clarke (De Candolle: Suites au Prodromus. III. 145) sagt, dass sie in den warmfeuchten Gegenden der ganzen Erde häufig ist und in Südamerika bis Paraguay südwärts geht.

62. *Commelina virginica* L. sensu C. B. Clarke. — Baranquilla (Nordcolumbien), Weg vor der Stadt; etwas über Meeresniveau. Den 17. Juni (oder Anfang August?) — La Popa bei Cartagena (Nordcolumbien); etwa 30—130 m Seehöhe. Den 8. August.

Nach Clarke (De Candolle: Suites au Prodromus. III. 182) ist diese Art vom Golf von Mexiko bis nach Paraguay hinunter verbreitet. Hemsley (Biologia centr. am. Botany. III. 389) erwähnt sie auch von Mexiko nordwärts bis Michigan und New York.

63. *Tradescantia hirsuta* H. B. K. — Oberhalb Las Palmas, Westhang der Westcordillere (Ecuador) fast auf der Passhöhe, zwischen Babahoyo und Chapacoto; ca. 3000 m Seehöhe. Den 22. August.

Diese Art ist von Clarke (De Candolle: Suites etc. III. 299) aus Columbien und Ecuador erwähnt, aus Höhen von 2000—2750 m.

An meinem Exemplar: „Stamina 6 subaequalia, germen 3-loculare, loculis 2-ovulatis! Filamenta pilosa!
(Solereder.)"

64. *Commelinacea*. — Urwald bei La Dorada am mittleren Rio Magdalena (Columbien). Juli.

Dieses Exemplar ist steril und somit nicht bestimmbar. Die Blattbeschaffenheit trifft, nach Solereder, auf keine der in Clarkes Monographie (De Candolle: Suite au Prodromus. III. p. 113 sqq.) aufgeführten Arten völlig zu.

65. *Commelinacea*. — Zwischen La Dorada und Honda, am mittleren Rio Magdalena (Columbien) Juli. Dieses Exemplar ist steril, daher nicht bestimmbar.

66. *Commelinacea*. — Zwischen Verjel und Villeta, Westhang der Ostcordillere (Columbien); ca. 900—1900 m Seehöhe. Den 5. Juli.

Dieses Exemplar ist unvollständig und durch Feuchtigkeit zerstört.

Familie *Pontederiaceae*.

67. *Eichhornia crassipes* (Mart.) Solms-Laubach. (= *E. speciosa* Kth. = *Pontederia azurea* Hook. von Sw.) — Ciénaga (Tümpel) bei Baranquilla (Nordcolumbien), zusammen mit *Cyperus Papyrus* L. und *Pistia stratiotis* L. Etwas über Meeresniveau. Den 16. Juni.

Solms-Laubach (De Candolle: Suites au Prodr. IV 528) giebt als Verbreitungsgebiet für diese Art das tropische und subtropische Südamerika an: Venezuela, Guyana, Brasilien und Paraguay.

Familie *Liliaceae*.

68. *Scylla chloroleuca* Kth. — Coquimbo, chilenische Küste. 30 ⁰ s. Br. Den 13. Oktober.

Gay: (Historia de Chile. Botanica. VI. p. 108) führt diese *Liliacee* aus den Centralprovinzen Chiles: Valparaiso, Santiago etc. an.

Familie *Amaryllideae*.

69. *Eucharis grandiflora* Planch. et Lind. (= *E. amazonica* Lind.) — Zwischen Agua Santo und Pacaná, Westhang der Westcordillere (Ecuador), nordöstlich von Babahoyo. In dichtem, feuchtem Urwald. 500—700 m Seehöhe. Den 29. August.

Diese Amaryllideenart erwähnen sowohl Planchard et Linden (Flore des Serres. Sér. I. T. IX. p. 255) wie Engler und Prantl (Die natürlich. Pflanzenfamilien. II. 5, S. 111) nur aus Columbien.

„Möglicherweise gehört das Exemplar zu der mit *E. grandiflora* sehr nahe verwandten *E. Sanderii* Baker (in Bot. Magazine pl. 6676); beide Arten unterscheiden sich wesentlich nur durch die Beschaffenheit der sogenannten Nebenkrone, deren Struktur an vorliegendem Exemplar nicht zu sehen ist. (Solereder.)"

E. Sanderii hat ihren Fundort gleichfalls in Columbien (Bot. Mag. Ser. III. vol. XXXIX).

70. *Bomarea conferta* Benth. (= *B. patacocensis* Herb.) [1]. — Zwischen Villeta und Facatativá am Westhang der Ostcordillere (Columbien): etwa zwischen 1200 und 2200 m. Den 6. Juli.

Herbert (*Amaryllidaceae.* p. 120) Kunth (Enumeratio plant. V. 814) und Baker (Journal of B. XX. 1882. p. 205) führen diese Bomarea vom Westhang der Anden, aus Columbien und aus Ecuador an.

71. *Bomarea* spec. (*Bomareae floribundae* Herb. affinis). — Zwischen Agua Santo und Pacaná, Westhang der Westcordillere (Ecuador), nordöstlich von Babahoyo; 500—700 m Seehöhe. Den 29. August.

Herbert (l. c. p. 116) erwähnt *B. floribunda* aus der tierra templada der Centralcordillere (Columbien), Kunth (l. c. 806) aus Ecuador.

Eine genaue Bestimmung meiner Pflanze ist dadurch ausgeschlossen, dass es mir nur möglich war einzelne Blüten der überaus dichten, fleischigen Inflorescenz zu konservieren. Die auf hellem Grund dunkelrot (?) gesprenkelten Blüten standen in grossen Dolden beisammen.

[1] Nach Kew Index. I. p. 319, 320.

72. *Bomarea setacea* Herb. — Zwischen Pucará und San Antonio, Westhang der Westcordillere (Ecuador), auf steilem Waldhang; 1600—3000 m Seehöhe. Den 28. August.

Diese *Bomarea*-Art, welche im Kew-Index wohl unberechtigter Weise mit *B. tomentosa* zusammengezogen wird, erwähnen Ruiz et Pavon (Flora peruana. III. p. 62) aus den peruanischen Anden. Auch von Herbert (l. c. 117) und von Kunth (l. c. 807) wird kein anderer Fundort angegeben.

Familie *Iridaceae*.

73. *Libertia* spec. — Monserrate bei Bogotá (Columbien); ca. 3000 m hoch. Den 8. Juli.

Der Habitus meines Exemplares ist der einer *Libertia*, doch da die Blüten fehlen ist eine sichere Bestimmung unmöglich.

74. *Sisyrinchium junceum* E. Meyer. — Ornillo, auf dem Uspallatapass (Chile); Westhang der Anden. Etwa 1300 m Seehöhe. Den 15. Oktober.

Gay (Historia fisica y politica de Chile. Botanica. VI. p. 25) sagt, dass diese Art in ganz Chile sehr gemein ist; und Neger berichtet, dass sie sowohl in den Anden wie im Flachland vorkommt.

Familie *Musaceae*.

75. *Heliconia Bihai* L. — Urwald am Rio Lebrija, Nebenfluss des Rio Magdalena (Columbien); ca. 70 m Seehöhe. Ende Juni. Blüte gelb.

Nach Peterson (Martii Flora brasiliensis. III. 3. p. 17) findet sich diese *Musacee* in Centralamerika, Columbien, Guyana, Brasilien und auf den Antillen vor.

76. *Heliconia* spec. — Boca de Saino, mittlerer Rio Magdalena (Columbien); ca. 100 m Seehöhe. Den 30. Juni.

Mein Exemplar ist der *H. Schiedeanae* Klotsch, von welcher man Fundorte in Mexiko und Guyana kennt (Martii Flora bras. III. 3. p. 19), und der *H. dasyantha* K. Koch et Bouché, welche in Brasilien und Guyana vorkommt (Mart. l. c. III, 3. p. 16), nahestehend.

Familie *Orchidaceae*.

77. *Stelis micanthra* Sw. (?) — Pucará, Passhöhe der Westcordillere (Ecuador), östlich von Babahoyo; ca. 3000 m Seehöhe. Den 28. August.

Swartz (Schrader: Journal für die Botanik. II. 240) giebt als Verbreitungsgebiet dieser Art Westindien und Südamerika an.

78. *Epidendrum cochlidium* Lindl. — Tequendama bei Bogotá (Columbien); zwischen 2200 und 2500 m Seehöhe. Den 11. Juli.

Mueller (Walpers: Annales botanices syst. VI. 393) führt diese Art aus Venezuela und Peru an.

79. *Epidendrum decipiens* Lindl. — Zwischen Guadualita und Verjel. — Zwischen Alto del Trigo und Villeta. — Beide Fundorte am Westhang der Ostcordillere (Columbien); 800—1700 m Seehöhe. Den 5. Juli.

Diese Art hat nach Mueller (Walpers: Ann. bot. syst. VI. 391) ihre Heimat in Columbien.

80. *Epidendrum elongatum* Jacq. (= *secundum* Jacq.) — Gebirgswald zwischen St. Pierre und Fort de France auf Martinique (Kleine Antillen). Den 10. Juni.

Hemsley (Biologia centr. am. Botany. III. 239) nennt als Verbreitungsgebiet dieser Pflanze Südmexiko, Venezuela und Westindien.

81. *Epidendrum fimbriatum* Kth. — Bei Mediacion, Quindiupass in der Centralcordillere (Columbien); ca. 2000 m Seehöhe. Den 17. Juli.

In Kunth (Nova Gen. et Spec. Plant. I. 282) sind als Fundort dieser Art die Anden des westlichen Columbiens angegeben, in Mueller (Walpers Ann. bot. syst. VI. 406) ferner die ostcolumbianischen Anden, Venezuela, Ecuador und Peru.

82. *Epidendrum quitensium* Rchb. fil. — Zwischen Balsabamba und Pocho de S. Lucia, Westhang der Westcordillere (Ecuador); ca. 800—1300 m Seehöhe. Den 21. August.

Mueller (Walpers. l. c. VI. 392) nennt als Verbreitungsgebiet dieser Art Peru und die Anden von Quito.

83. *Laelia*? spec. — Columbien. (Nähere Standortsangabe verloren gegangen).

Das Exemplar, an dem die Blätter fehlen, ist nicht näher bestimmbar.

84. *Hartwegia* spec. — Zwischen Balsabamba und Pocho de S. Lucia, Westhang der Westcordilleren (Ecuador); ca. 800—1300 m Seehöhe. Den 21. August.

Über dieses Exemplar schreibt Cogniaux: La hampe florale ressemble à celle de *Hartwegia purpurea* Ldl., mais les feuilles sont très différentes.

85. *Lycaste gigantea* Lindl. — Unterhalb Las Cruzes am Quindiupass, Centralcordillere (Columbien); Departement Tolima. Ca. 2600 m hoch. Zwischen dem 18. und 20. Juli. — 2 Exemplare.

Bentham (Plant. Hartwegian. 153) erwähnt diese Art aus Ecuador, Mueller (Walpers Ann. bot. syst. VI. 605) ausserdem aus Venezuela.

86. *Sobralia setigera* Poepp. et Endl. — Oberhalb Ibagué, Ostfuss der Centralcordillere (Columbien); Departement Tolima. Ca. 1500 m Seehöhe. Zweite Hälfte Juli. — 1 Weingeist- und 1 trockenes Exemplar.

Poeppig (Poeppig et Endlicher: Nova Genera et Spec. Plantarum. I. 54) hat diese Art in Peru gesammelt.

87. *Habenaria* spec. — Zwischen Balsabamba und Pocho de Santa Lucia, Westhang der Westcordillere (Ecuador); ca. 800—1300 m Seehöhe. Den 21. August.

88. *Selenipedium Schlimii* Rchb. fil. — Oberhalb Ibagué, Ostfuss der Centralcordillere (Columbien): Depart. Tolima. Ca. 1500 m Seehöhe. Zweite Hälfte Juli.

Reichenbach (Xenia Orchidacea. I. 125) nennt als Fundort dieser Art die columbianische Ostcordillere und zwar die Umgegend Ocañas.

Dicotyledoneae.

Familie *Casuarinaceae.*

89. *Casuarina equisetifolia* L. — Hafenplatz und einzelne Punkte bei Fort de France, auf Martinique (Kleine Antillen). Juni.

Diese *Casuarina*, welche aus Madagascar und dem Indischen Archipel stammt, ist nach Duss (Plantes de la Guadeloupe et de la Martinique [Annales de l' Institut colonial de Marseille. III. p. 191]) auf Martinique und Guadeloupe verbreitet.

Familie *Piperaceae.*

90. *Piper lanceaefolium* Kth. (= *P. bullosum* C. DC.). — Zwischen Ibagué und Mediacion, Centralcordillere (Columbien); ca. 1500—2500 m. Seehöhe. Den 17. Juli.

Kunth (Nova Gen. et Spec. Plant. I. 41) nennt als Fundort dieser *Piperacee* die feuchten Andenwälder und das Amazonasgebiet in Nordwestperu.

Familie *Salicaceae.*

91. *Salix Humboldtiana* Willd. — Zwischen Villeta und Facatativá, Westhang der Ostcordillere (Columbien); ca. 1000—2000 m Seehöhe. Juli. — Pacasmayo (Nordperuanische Küste). September. — Argentinische Pampa, zwischen Mendoza und Buenos Ayres; ca. 100—600 m. Seehöhe. Oktober.

Diese in Südamerika weitverbreitete Weidenart ist von Humboldt (Humboldt et Bonpl. Voyage. II. p. 18) aus Peru, von Gay (Historia fisica y politica de Chile. Botanica. V. 384) aus den Nordprovinzen Chiles bis zum 34° s. Br. und von Leybold (Martii Flora brasiliensis IV, 1. p. 227) ausserdem aus Südbrasilien und Uruguay verzeichnet. Dusén (Beiträge zur Flora der Ostküste von Patagonien. p. 259 [Svenska Expeditionen till Magellansländerna. III. No. 5]) und Neger haben sie in Argentinien, im Stromgebiet des Rio Negro beobachtet, und nach Ausweis des Königl. Bayerischen Museums, wo sich die betreffenden Collectionen befinden, haben sie gesammelt Moritz Wagner in den Anden von Ecuador, Hieronymus in Córdova (Nordargentinien). Lorentz in Concepcion del Uruguay, Schumann in Mexiko, Sintenis in Portorico und J. D. Smith in Guatemala.

Der Kew Index betrachtet die dem Amazonas entlang wachsende *S. Martiana* Leybold (Martii Flor. bras. IV, 1. p. 228) als identisch mit *S. Humboldtiana*.

Familie *Aristolochiaceae*.
92. *Aristolochia chilensis* Miers. — Coquimbo, chilenische Küste 30° s. Br. Den 13. Oktober.
Gay (Hist. Chile. Bot. V. p. 330) führt diese *Aristolochia* von der Küste der Nord- und Centralprovinzen Chiles an.
93. *Aristolochia veraguensis* Duch. — Urwald bei La Dorada am mittleren Rio Magdalena (Columbien). Anfang oder Ende Juli. —
Duchartre (De Candolle: Prodromus. XV, 1. p. 458) und Solereder (Engler: Jahrbüch. X. p. 466) führen diese Art aus Costarica und dem Westen des Departements Panama (Columbien) an.

Familie *Polygonaceae*.
94. *Polygonum hydropiper* L. — Salto de Tequendama bei Bogotá (Columbien); über 2200 m Seehöhe. Den 11. Juli.
Dieses weitverbreitete *Polygonum* kommt nach Meissner (De Candolle: Prodromus. XIV. p. 109) und Engler und Prantl (Die natürl. Pflanzenfamilien. III. 1 a. p. 28) sowohl in Nordamerika als auch in ganz Europa vor, nach Kew Index in der gemässigten Zone der nördlichen und südlichen Erdhälfte.
95. *Polygonacea* genus. spec. — Auf der Puna oberhalb La Paz, (Bolivien); ca. 4000 m Seehöhe. Den 1. oder 3. Oktober.
„NB! Tutenförmige Nebenblätter.
Achse: Sklerenchymring im Pericykel. Subepidermale Korkentwicklung. Einfache Gefässperforationen und einfach getüpfelte Holzfasern.
Blatt: centrisch. Stomata beiderseits mit mehreren Nachbarzellen. Drusen im Mesophyll, wie in der Rinde.
Drüsenhaare mit zweizelligem (die beiden Zellen nebeneinander) Stiel und scheibenförmigem, durch Vertikalwände geteiltem Köpfchen in Grübchen der Blattfläche.
(Solereder.)"

Familie *Chenopodiaceae*.
96. *Suaeda divaricata* Moq. — Uspallata (Westargentinien), nordwestlich von Mendoza am Ostfuss der Anden; ca. 1950 m Seehöhe. Den 18. Oktober.
Suaeda divaricata hat nach Moquin (De Candolle: Prodromus. XIII, 2. p. 156) ihre Fundorte in Südamerika z. B. bei Mendoza. Gay (Historia fisica y politica de Chile. Botanica. V. p. 248) sagt, dass diese Art in Chile selten und in Argentinien häufiger ist.

Familie *Amarantaceae*.
97. *Pleuropetalum costaricense* Wendl. — Banco am unteren Rio Magdalena (Columbien); ca. 50 m Seehöhe. Den 21. Juni (oder 31. Juli ?).
Hemsley (Biologia centrali-americana. III. p. 12) erwähnt *P. costaricense* aus Mexiko, Costarica und Ecuador.

Professor Dr. Schinz, Direktor des Botanischen Gartens und der Botanischen Sammlungen der Universität Zürich, teilt folgende Bemerkung zur systematischen Stellung der Gattung *Pleuropetalum* mit:

Pleuropetalum Hooker.

„Die Gattung ist von Hooker[1]) ursprünglich in die Familie der *Portulacaceen* gestellt worden; Endlicher[2]) hat sie dann später in die der *Amarantaceen* versetzt und wurde darin befolgt von Moquin[3]), der ganz unnötigerweise den Gattungsnamen änderte, und von Hooker[4]) schliesslich selbst. Ebenso stellt sie Baillon[5]) zu den *Celosieen*, auch Hemsley[6]) betont, dass *Pleuropetalum* eine echte *Amarantacee* sei und ich selbst[7]) habe sie ohne Bedenken unter die *Amarantaceen* aufgenommen. Pax[8]), der Bearbeiter der *Portulacaceen* in Engler und Prantls Natürlichen Pflanzenfamilien, hatte die Gattung, mit Fragezeichen versehen, aufgenommen, schlägt nun aber in den Nachträgen[9]) zu dem genannten Werk wiederum Streichung vor. Neuerdings spricht sich nun Lopriore[10]) wiederum für Versetzung von den *Amarantaceen* zu den *Portulacaceen* aus, und zwar bestimmen L. zu diesen Vorschlag: die Tracht (kleine Bäume), das Vorhandensein der kleinen zwei Blättchen am Grund der Blüten, die L. als Kelchblätter ansprechen möchte, das Schwanken der Staubblattzahl. Ich habe dem entgegenzuhalten, dass die zwei beschriebenen *Pleuropetalum*-Arten offenbar doch keine Bäume, (wie auch ich irrtümlich in den Natürlichen Pflanzenfamilien angegeben habe), sind, sondern vielmehr kleine Halbsträucher, wie deren der Familie der *Amarantaceen* nicht fremd sind. Die zwei kleinen Blättchen am Grunde der Blüten haben transversale Stellung und nicht mediane, für mich sind sie nichts anderes als Vorblätter. Sie als Kelchblätter deuten zu wollen, erscheint mir gezwungen. Für die Zugehörigkeit zu den *Amarantaceen* spricht der Bau des Andröceums, beziehungsweise der Umstand, dass die Staubblätter am Grunde zu einer Kupula vereinigt sind und endlich der anatomische Bau der Achsenorgane, der insofern abnorm ist, als markständige (scheinbar markständige?) Leitbündel vorkommen, während die *Portulacaceen* normal gebaute Achsen besitzen[11]). Ich muss es mir an dieser Stelle versagen, auf den anatomischen Bau

---

[1]) Proc. Linn. Soc. I. (1845), 278.
[2]) Gen. Suppl. IV. (1847), 44.
[3]) D. C. Prodr. XIII, 2. (1849), 463.
[4]) Benth. et Hook. Gen. Plant. III. 1880, 24.
[5]) Hist. des Plantes. IX. (1886), 216.
[6]) Biol. Centr. Am. III. (1882—1886), 12.
[7]) Engler und Prantl: Natürliche Pflanzenfam. III. 1a (1893), 97.
[8]) Engler und Prantl: Natürliche Pflanzenfam. III. 1b (1889), 57.
[9]) Engler und Prantl: Natürliche Pflanzenfam., Nachtrag (1897), 156.
[10]) Engler: Bot. Jahrb. XXX. (1901), 8.
[11]) Solereder, System. Anatomie der Dicotyledonen. (1898), 127.

der *Celosieen* näher einzugehen, da ich vorerst auch noch die übrigen *Amarantaceen* in dieser Hinsicht näher untersuchen will, immerhin kann ich bemerken, dass mir bis zur Stunde noch keine *Amarantacee* mit normalem Achsenbau vorgekommen ist[1]."

„*Pleuropetalum costaricense* muss als Autor Wendland haben und nicht Hort. Kew.[2]); dies hat schon Hooker[3]) erkannt und auch zum Ausdruck gebracht."

98. *Telanthera gomphrenoides* Moq. (= 3 *ovata* Moq.). — Las Palmas (Ecuador), waldiger Westhang der Westcordillere; ca. 2300—2500 m Seehöhe. Den 22. August.

Diese *Amarantacee* erwähnen Kunth (Nov. Gen. et Spec Plant. II. p. 167) und Moquin (De Candolle: Prodromus. XIII, 2. p. 377) aus Peru.

99. *Gomphrena globosa* L. — Puerto Berrio am mittleren Rio Magdalena (Columbien). Über 100 m Seehöhe. Den 1. oder 29. Juli.

Moquin (De Candolle: Prodr. XIII, 2. p. 409) führt diese nach Hemsley (Biologia centrali-americana. Botany. III. p. 18) aus Indien stammende Art, aus noch anderen asiatischen Ländern, aus Amerika, den Südseeinseln und Europa an. In Amerika scheint sie als Gartenflüchtling verwildert zu sein (Martii Flora brasiliensis. V, 1. p. 28).

100. *Iresine* spec. (*Iresine elongata* H. B. K. affinis). — Tequendama bei Bogotá (Columbien); ca. 2200—2500 m Seehöhe. Den 11. Juli.

Moquin (De Candolle l. c. XIII, 2. p. 344) nennt nach Humboldt und Bonpland (Kunth l. c. II. p. 161) Columbien als Fundort der *I. elongata*.

Familie *Nyctaginaceae*.

101. *Boerhavia hirsuta* Willd. — Baranquilla (Nordcolumbien); waldloses. z. T. kultiviertes, z. T. gestrüppbewachsenes, sonniges Terrain, wenig über Meeresniveau. Den 17. Juni.

Hemsley (Biologia centr. am. Botany. III. p. 4) nennt diese Art aus dem nördlichen Südamerika, aus Westindien, Guyana, den Galápagosinseln und als fraglich aus Panamá; Schmidt (Martii Flora bras. XIV, 2. p. 370) nennt sie ausserdem aus Brasilien und Peru.

Familie *Phytolaccaceae*.

102. *Phytolacca bogotensis* H. B. K. — Zwischen Mediacion und El Moral, Osthang der Centralcordillere (Columbien), Quindiupass; ca. 2000 m Seehöhe. Den 17. Juli.

Humboldt und Bonpland (Kunth: Nov. Gen. et Spec. Plant. II. p. 183) geben als Fundort dieser Art die Hochebene von Bogotá (Columbien) an.

---

[1] Vergl. indessen Solereder l. c. (1899), 738.
[2] Hemsley: Biol. Centr. Am. III. (1882—1886), 12.
[3] Bot. Mag. (1883), t. 6674.

103. *Portulacca pilosa* L. — Zwischen La Dorada und Honda, mittlerer Rio Magdalena (Columbien); ca. 200 m Seehöhe. Den 4. Juli. — Corinto, auf den Llanos des Rio Magdalena zwischen Girardot und Ibagué (Columbien); ca. 400 bis 1000 m Seehöhe. Den 15. Juli.

Nach Rohrbach (Martii Flora bras. XIV, 2. p. 304) ist diese Art vom südwestlichen Nordamerika an bis nach Uruguay hinunter verbreitet.

104. *Talinum* spec. — Umgegend von Baranquilla (Nordcolumbien). Den 17. Juni.

„Blattstruktur: Beiderseits Stomata mit Nebenzellen, welche zum Spalte parallel sind. Grosse sternförmige Drusen und Schleimzellen im Mesophyll; sphärokrystallinische Massen.

Achse: Einfache Gefässdurchbrechungen. Drusen. Blasig vorgestülpte Epidermiszellen.

        Ex anatomia *Portulacca*,
          „   „   et patria certe,
        Talinum spec.   (Solereder.)"

105. *Calandrinia cymosa* Philippi. — Taltal, chilenische Küste. 25° 25′ s. Br. Den 11. Oktober.

Reiche (Flora de Chile. II. p. 340) giebt für diese *Portulaccaceae* die Provinz Atacama (Nordchile) als Fundort an, und zwar speziell Taltal und Caldera.

Familie *Caryophyllaceae*.

106. *Cerastium arvense* L. — Vor der Cumbre auf dem Uspallatapass (Chile); ca. 3200 m Seehöhe. — Letzte vor der Passhöhe von 3937 m von uns bemerkte Pflanze. Sie wuchs auf schneefreien Stellen von höchstens 1 qm Flächeninhalt. Von da ab gegen die Passhöhe zu, war zu dieser Jahreszeit, Mitte Oktober, das ganze Terrain schneebedeckt.

C. arvense L. hat nach Rohrbach (Linnaea. XXXVII. p. 304) seine Fundorte in ganz Chile, somit auch in den Anden Mittelchiles, und ist, nach Neger, eine charakteristische Pflanze der höchsten Andengipfel, wenigstens im gemässigten Südamerika.

107. *Cerastium mollissimum* Poir. α *genuinum* Rohrb. *lusus* 1. — Auf dem Páramo des Chimborazo (Ecuador), namentlich vor der Passhöhe zwischen Ganquis und Yaguarcocha; fast 4000 m Seehöhe. Ende August.

Rohrbach (Martii Flora bras. XIV, 2. p. 283) giebt als Standort dieser *Cerastium*-Art die Anden Columbiens, Ecuadors und Perus an, zugleich auch die Umgegend von Buenos Aires, also Meeresniveau.

Familie *Ranunculaceae*.

108. *Ranunculus flagelliformis* Sm. — Auf einem Tümpel bei Machin am Quindiupass, Centralcordillere (Columbien); 2420 m Seehöhe. Zweite Hälfte Juli.

De Candolle (Prodromus etc. I. 33) und Triana et Planchon (Prodromus Florae Novo-Granatensis [Annales Sciences Nat. Série IV. Bot. XVII. p. 12]) nennen als Verbreitungsgebiet dieser Pflanze Chile und Neugranada.
Eichler (Martii Flor. bras. XII, 1. p. 157) sagt, dass sie im tropischen Amerika weitverbreitet ist, und erwähnt sie, ausser in Brasilien, auch in Chile, Peru und Columbien.

109. *Ranunculus geoides* H. B. K. (?) — Páramo des Chimborazo (Ecuador), hauptsächlich vor der Passhöhe zwischen Ganquis und Yaguarcocha; fast 4000 m Seehöhe. Ende August.
Kunth (Nov. Gen. et Spec. Plant. V. p. 37) und Hemsley (Biologia centr. am. Botan. I. p. 6) erwähnen diese Ranunkel aus dem mexikanischen Gebirge.

110. *Ranunculus* spec. — Páramo des Chimborazo (Ecuador); zwischen 3000 und 4000 m Seehöhe. Ende August.
Das vorliegende Exemplar einer gelbblühenden Ranunkel ist zu unvollständig, um eine sichere Bestimmung zuzulassen.

111. *Ranunculus* spec. — Östlich von Mediacion am Quindiupass, Centralcordillere (Columbien); ca. 2000 m Seehöhe. Den 17. Juli.
Da an dem vorliegenden Exemplare, einer gelbblühenden Ranunkel, die grundständigen Blätter fehlen, ist es nicht näher bestimmbar.

Familie *Papaveraceae*.

112. *Bocconia frutescens* L. — Zwischen Boca del Monte und Tambo, waldiger Westhang der Ostcordillere (Columbien); 2300—2600 m Seehöhe. Den 12. Juli.
Hemsley (Biologia centr. am. Bot. I. p. 27) sagt, dass dieser Strauch im tropischen Amerika weitverbreitet ist.
Bocconieen mit fiederspaltigen Blättern bemerkten wir in Columbien auch auf dem Osthang der Centralcordillere, und da es in Amerika ausser der *B. frutescens* nur noch die *B. integrifolia* giebt, deren Blattform auf die Form der von uns gesehenen Blätter nicht passt, so können diese Sträucher nur *B. frutescens* L. gewesen sein.

Familie *Cruciferae*.

113. *Descurainia canescens* Prantl. (= *Sisymbrium canescens* Nutt. var.). — Washington, auf der Argentinischen Pampa östlich von Villa Mercedes; unter ca. 34° s. Br., über 400 m Seehöhe. Den 19. Oktober.
Reiche (Flora de Chile. I. 120) giebt an, dass die Stammform dieser Crucifere in Chile von den Cordilleren von Coquimbo an bis zur Meerenge von Magalhães hinunter vorkommt.
„Das vorliegende Exemplar gehört zu einer der vielen, bisher noch nicht genauer bearbeiteten Formen der oben genannten polymorphen Art (Solereder)."
Jedenfalls ist es nicht die *var. appendiculatum* Griseb., welche Hieronymus (Boletin de la Academia de Córdoba. IV. 199. u. 218) auch für Argentinien angiebt.

114. *Sisymbrium* spec. — Sierra de Uspallata (Westargentinien); zwischen 1000 und 2000 m Seehöhe. Den 18. Oktober.

Diese Crucifere ist in den von uns durchfahrenen Schluchten der Sierra eine charakteristische Pflanze.

Wegen Mangels der Blätter ist eine nähere Bestimmung des vorliegenden Exemplares nicht möglich.

„Die Pflanze kann auf Grund der in der Litteratur angegebenen Merkmale — bes. Gestalt der Blätter — mit Sicherheit nicht bestimmt werden. Sie hat zwar eine Eigentümlichkeit, welche wohl sehr gut zu ihrer Charakterisierung dienen könnte: nämlich die Hauptachse ist mit farblosen, papillenartigen Haaren besetzt, die Pedicelli hingegen mit Sternhaaren. Dieses Merkmal ist aber nirgends in der Litteratur erwähnt."

„Von *S. linifolium* Phil. heisst es: „planta sembrada de pelitos sencillos y estrellados" (Reiche. I. p. 74), von *S. polyphyllum* Phil. „sembrada de papilas trasparentes" (l. c. 75). Im übrigen dürfte die Pflanze der letzteren Art näher stehen."

„Beide Arten kommen in der Provinz Tarapacá vor.
(Neger.)"

115. *Brassica Rapa* L. — Tequendama bei Bogotá (Columbien); ca. 2500 m Seehöhe. Juli.

Dieser aus Europa in Columbien eingeführte Kohl wird in Bogotá und anderen Orten der tierra fria kultiviert (Triana et Planchon: Prodromus Florae Novo-Granatensis [Annales des Sciences Naturelles. Série IV. Botanique. XVII. p. 66).

116. *Lepidium ruderale* L. — Sierra de Uspallata (Westargentinien); zwischen 1000 und 2000 m Seehöhe. Den 18. Oktober.

Diese *Lepidium*-Art ist auf den von uns durchfahrenen Strecken eine charakteristische Pflanze.

Reiche (Flora de Chile. I. p. 66) sagt, dass diese kosmopolitische Art in Chile sehr selten vorkommt. Eichler (Martii Flora bras. XIII, 1. p. 310) erwähnt die Stammform aus Südostbrasilien und vermutet, dass sie aus der alten Welt eingeschleppt ist.

117. *Raphanus sativus* L. — Zwischen Villeta und Facatativá (Columbien), auf dem Weg nach Bogotá: ca. 2500—2600 m Seehöhe. Anfang Juli. — Interandines Gebiet, westlich von Chapacoto (Ecuador); ca. 3000 m Seehöhe. Den 22. August.

Diese in Columbien und Ecuador eingeführte Rettigart wächst in zahllosen Exemplaren auf der Hochebene von Bogotá längs der nach Facatativá führenden Strasse. Ebenso wächst sie gesellig und auf grösseren Strecken in dem ausserdem sehr vegetationsarmen interandinen Gebiet unfern von Chapacoto.

Sie wird in der tierra fria Columbiens kultiviert (Triana et Planchon: Prodr. Fl. Nov. Gran. [Ann. Siences Nat. Série IV. Bot. XVII. p. 66]) und vermutlich auch in interandinen Gebiet Ecuadors, wie wir sie nach Eichler (Martii Flor. bras. XIII, 1. p. 312) gleichfalls in Südbrasilien sehr häufig kultiviert finden.

Familie *Capparidaceae*.

118. *Cleome spinosa* L. — Gloria am unteren Rio Magdalena (Columbien); ca. 60 m Seehöhe. Den 21. Juni oder 31. Juli.

Triana et Planchon (Prod. Fl. Nov. Gran. [Ann. Sc. Nat. Série IV. XVII. p. 69]) geben als Standort dieser *Capparidee* Nordcolumbien an, Eichler (Martii Fl. bras. XIII, 1. p. 253) sagt, dass sie im ganzen tropischen Amerika, sowohl auf dem Festlande, von Costarica bis zum Wendekreis des Krebses, wie auch auf den Inseln verbreitet ist.

„Die Stacheln sind bei der vorliegenden Pflanze nur an der Blattstielbasis des untersten Blattes vorhanden.

(Solereder.)"

119. *Capparis pulcherrima* Jacq. — Trockener Buschwald bei Cartagena (Nordcolumbien); etwa 10 m Seehöhe. Anfang August.

Diese *Capparis*-Art ist sowohl von Triana et Planchon (l. c. Sér. IV. XVII. p. 80), wie von Eichler (l. c. XIII, 1. p. 276), nach Jacquin (Selectarum stirpum etc), nur aus der Umgegend Cartagenas erwähnt.

120. *Crataeva gynandra* L. (?) — Cerrito am Brazo de Loba, unterer Rio Magdalena (Columbien); ca. 30—40 m Seehöhe. Den 20. Juni oder 31. Juli.

De Candolle (Prodromus etc. I. p. 243) nennt als Fundort von *C. gynandra* die Insel Jamaïca, Grisebach (Flora West. Ind. Islands. p. 17) ausserdem S. Vincent, Guyana, Columbien und Mexiko; Triana et Planchon (l. c. Série IV. XVII. p. 87) führen zwei Fundorte aus Nordcolumbien an, und Hemsley (Biologia central. am. Bot. I. 45) sagt, dass sie bis Brasilien hinunter vorkommt.

„Eine absolut sichere Bestimmung der *Crataeva*-Arten ist erst nach erneuter Revision der Originale möglich (vergl. die Angaben über *Cr. gynandra* L. und *Tapia* L. bei Linné, Grisebach, in der Flora brasil. u. s. w.)

(Solereder.)"

Familie *Crassulaceae*.

121. *Cotyledon* (= *Echeveria* DC.) spec. — Tequendama bei Bogotá (Columbien); gegen 2500 m Seehöhe. Juli.

Da ein beblätterter Spross fehlt, ist es nicht möglich, die Art zu bestimmen.

„Die zwar bis 1888 aus Columbien bekannt gewordenen Arten, *Cot. bracteolata* Bak. und *subspicata* Bak. (Confer Saunders Refugium botanicum Vol. I, Text zu tab. 56 sqq). sind übrigens von der vorliegenden Art verschieden.

(Solereder.)"

Familie *Rosaceae*.

122. *Tetraglochin stricta* Poepp. — Uspallatapass (Westargentinien) zwischen Puente del Inca und Punta de Vacas; 2300—3000 m Seehöhe. Den 17. Oktober.

Dieser Strauch wird auf obengenannter Strecke an Häufigkeit nur von einem anderen Strauch oder Halbstrauch übertroffen, welcher zur Zeit unserer Reise noch blätterlos war und den Habitus von *Senecio spinosum* DC. hat, sich aber anatomisch von ihm unterscheidet.

Weddell (Chloris Andina. II. p. 236) bezeichnet die in den Anden Perus, Boliviens und Chiles heimische *T. stricta* als Charakterpflanze der Punas.

123. *Polylepis racemosa* R. et P. — Schluchten der Puna bei Puno am Titicacasee (Peru); ca. 4000 m Seehöhe.

Rindenstücke an Ort und Stelle geschenkt erhalten.

Nach Weddell (Chloris Andina. II. 238) hat diese *Polylepis* ihre Heimat in den Anden Perus und Boliviens.

124. *Acaena elongata* L. — Monserrate bei Bogotá (Columbien); 2700—3100 m Seehöhe. Den 8. Juli.

Diese Art ist aus Mexiko, Guatemala, Columbien und Ecuador bekannt (Biologia centrali-americana. Botany. I. 378. — Weddell: Chloris Andina. II. 239) und dürfte der von Humboldt und Bonpland genannten Fundort „prope sacellum Monserratense" der gleiche sein, an welchem ich mein *Acaena*-Exemplar gesammelt habe (Kunth: Nov. Gen. et Spec. Plant. VI. 183).

125. *Acaena* spec. — Páramo des Chimborazo (Ecuador); ca. 4000 m Seehöhe. Ende August. Diese *Rosacee* schliesst sich dicht an den Boden an und bildet ganze Polster.

126. *Rosa* spec. — Morne-Rouge bei St. Pierre auf Martinique (Kleine Antillen); ca. 400 m Seehöhe. Anfang Juni.

Diese und die zwei folgenden *Rosa*-Arten sind verwilderte Abkömmlinge von Pflanzen, welche aus Europa eingeführt wurden.

127. *Rosa* spec. — Zwischen Mediacion und El Moral auf dem Qindiupass, Centralcordillere (Columbien); ca. 2000 m Seehöhe. Den 17. Juli.

128. *Rosa* spec. — Zwischen Pocho de Santa Lucia und Las Palmas (Westecuador), Westhang der Westcordillere; ca. 2000 m Seehöhe. Den 21. August.

Familie *Leguminosae*.

129. *Crotalaria anagyroides* H. B. K. — Zwischen El Moral und Machin am Quindiupass, Centralcordillere (Columbien); 2000 bis 2400 m Seehöhe. Den 18. Juli.

Kunth (Nova Gen. et Spec. Plant. VI. p. 317) führt als Heimat dieser Pflanze Venezuela an. Bentham (Martii Flor bras. XVI. p. 31) sagt, dass sie in Brasilien vorkommt und über Südamerika weitverbreitet ist, und Hemsley (Biolog. centr. am. I. 225) nennt sie, ausser aus Venezuela, auch aus Südmexiko.

Der auf dieser *Crotalaria*-Art wachsende Pilz erwies sich als neu und wurde von Dr. Neger als *Uredo Theresiae* beschrieben (s. weiter vorn S. 8).

130. *Lupinus bogotensis* Benth. *var.* — Casapalca an der Oroyabahn, östlich von Lima (Peru); ca. 4000 m Seehöhe.

Dieser hellblau blühende *Lupinus*, der dem *L. bogotensis* Benth. sehr nahe steht, wächst ziemlich häufig an den Westhängen der Westcordillere über welche die Oroyabahn hinwegführt.

L. bogotensis hat seine Heimat auf der Hochebene von Bogotá (Bentham: Plantae Hartwegianae. p. 168).

131. *Lupinus* spec. — Quindiupass, Centralcordillere (Columbien); 3400 m Seehöhe. Den 19. Juli.

Das vorliegende Exemplar ist zu unvollständig, um die Bestimmung der Spezies zu erlauben.

132. *Lupinus* spec. — Páramo des Chimborazo (Ecuador), hauptsächlich vor der Passhöhe zwischen Ganquis und Yaguarcocha. Seehöhe fast 4000 m. Ende August.

Da die Blätter fehlen, ist das Exemplar schwer näher bestimmbar.

Diese hellblau blühende *Lupinus*-Art wächst an obengenanntem Fundort in ziemlich zahlreichen Exemplaren.

133. *Trifolium repens L.* — Quindiupass, Centralcordillere (Columbien); 2700—3400 m Seehöhe. Den 19. Juli.

Diese in Europa auf Wiesen wachsende Klee-Art, hat sich auch nach Amerika verbreitet (De Candolle: Prodromus. II. 199. — Martii Flora brasiliensis. XV, 1. p. 36).

134. *Coursetia dubia D. C.* — Zwischen S. José de Chimbo und Guaranda (Interandines Ecuador); 2500—2600 m Seehöhe. Den 23. August.

Vorliegende Pflanze ist allem Anschein nach identisch mit der im Berliner Staatsherbar befindlichen *C. dubia* DC. (Collection Pl. Hartwg.).

De Candolle (Prodromus. II. p. 264) führt diese Pflanze nach Kunth (Nov. Gen. et Spec. Plant. VII. 208, 294) aus Südcolumbien an.

135. *Sesbania exasperata* H. B. K. — Aus einer Ciénaga (=Tümpel) unmittelbar bei Baranquilla (Nordcolumbien); wenig über Meeresniveau. Zweite Hälfte Juni oder Anfang August.

Kunth (Nov. Gen. et Spec. Plant. VI. p. 417) nennt als Heimat dieser Art Venezuela: Bentham (Martii Flora bras. XV. 1. p. 43) und Hemsley (Biolog. centr. am. Bot. I. 262) führen sie ausserdem aus Centralamerika, Columbien, Guyana, Brasilien, die Antillen u. s. w. an.

136. *Desmodium axillare DC.* (??) — Morne-Rouge oberhalb St. Pierre auf Martinique (Kleine Antillen); ca. 400 m Seehöhe. Den 9. Juni.

Da die Blätter fehlen, ist eine sichere Bestimmung ausgeschlossen.

De Candolle (Prodromus. II. 333) erwähnt *D. axillare* aus den Grossen und Kleinen Antillen; Bentham (l. c. XV, 1. p. 99) und Hemsley (l. c. I. 275. IV. 29) erwähnen es ausserdem aus Mexiko(?), Centralamerika, Columbien, Venezuela, Guyana, Brasilien und Peru. Nach Duss (Plantes de la Guadeloupe et de la Martinique [Annales de l'Institut Colonial de Marseille. III. 1896. p. 201] ist dieses *Desmodium* auf Martinique ziemlich häufig.

137. *Desmodium incanum* DC. — Morne-Rouge, oberhalb St. Pierre auf Martinique (Kleine Antillen); ca. 400 m Seehöhe. Den 9. Juni. — Buenavista am mittleren Rio Magdalena (Columbien); ca. 150 m Seehöhe. Den 3. Juli.

De Candolle (Prod. II. 332) nennt als sicheren Fundort Jamaica und als fraglichen die Insel Mauritius; Bentham (l. c. XV, 1. p. 98) führt an, dass dieses *Desmodium* von Mexiko bis Brasilien und in Westindien verbreitet ist; Hemsley (Biolog. centr.-am. I. p. 280) erwähnt, es nach dem Herbarium in Kew, auch aus dem tropischen Afrika und von der Insel Mauritius.

138. *Desmodium mexicanum* Wats. — Östlich von Mediacion und zwischen Mediacion und El Moral am Quindiupass in der Centralcordillere (Columbien); über 2000 m Seehöhe. Den 17. Juli.

Diese Art ist, nach einem im Königl. Botanischen Museum in München liegenden Exemplar aus der Collection Pringle (No. 1592), auch in Mexiko gesammelt worden. Sie scheint bisher noch nicht beschrieben worden zu sein.

„Der auf den Blättern des *D. mexicanum* Wats. schmarotzende Pilz ist die Uredogeneration von *Uromyces Kedisari paniculati* Farl. (Neger.)"

139. *Vicia andicola* H. B. K. — Páramo des Chimborazo (Ecuador); gegen 4000 m Seehöhe. Ende August.

Kunth (Nov. Gen. et Spec. Plant. VI. 390) führt als Fundort dieser *Vicia* die Hänge des Antisana (Ostcordillere von Ecuador) an.

„Nach der Tafel 562 in H. B. K. Nov. Gen. et Spec. Pl. kommen selten mehr als 6 foliola vor (und nicht, wie es in der Diagnose heisst 7—12). (Neger.)"

140. *Vicia* spec. — Nahezu auf der Passhöhe zwischen Las Palmas und Chapacoto, Ecuadorianische Westcordillere; ca. 3000 m Seehöhe. Den 22. August.

Diese Art könnte möglicherweise ein eingeschlepptes, europäisches Unkraut sein.

141. *Mucuna urens* DC. — Zwischen Babahoyo und Palmar (Westecuador); 50—100 m Seehöhe. Den 19. August.

Nach Bentham (Martii etc. XV, 1. p. 169) ist diese Leguminose in Peru, Brasilien, Guyana, Centralamerika, Westindien u. im tropischen Afrika verbreitet, nach Hemsley (Biolog. centr. am. Botany. I. p. 300) ausserdem in Südmexiko.

142. *Galactia striata* (Jacq) Urb. (= *Glycine striata* Jacq). — Zwischen Guadualita u. Verjel, Westhang der columbianischen Ostcordillere; 800—1500 m Seehöhe. Den 5. Juli.

Diese Art ist nach Urban (Symbolae Antillanae. II. 320 und ff.) im tropischen Amerika weitverbreitet; als näher bezeichnete Verbreitungsgebiete für die Stammform sind zu nennen Mexiko, Columbien und Venezuela.

143. *Dioclea* spec. — Ufer des Caño bei Santander am Rio Lebrija, Nebenfluss des Rio Magdalena (Columbien); 60—70 m Seehöhe. Ende Juni.

„Die Bestimmung dieser *Dioclea* ist durch das Fehlen einer vollkommenen Inflorescenz, sowie der Achse, Nebenblätter u. s. w. sehr erschwert. (Neger.)"
Blüte amarantrot.

144. *Phaseolus peduncularis* H. B. K. (?) — Zwischen Guadualita und Verjel, Westhang der columbianischen Ostcordillere; 800—1500 m Seehöhe. Den 5. Juli.

Humboldt und Bonpland (Kunth: (Nov. Gen. et Spec. Plant. VI. 350) haben diese Leguminose in Columbien entdeckt, im Kewer Herbarium (Biologia centr. am. Bot. I. 306) ist als Verbreitungsgebiet Centralamerika und das tropische Südamerika genannt.

Mein Exemplar konnte nicht sicher bestimmt werden, da der verdorbene Zustand der Blüten keine Analyse derselben zuliess.

145. *Phaseolus trujilensis* H. B. K. (= *cirrhosus* H. B. K.) — Zwischen El Moral und Machin am Quindiupass, Centralcordillere (Columbien); 2000 — 4000 m Seehöhe. Den 18. Juli.

Diese von Humboldt und Bonpland in Mexiko und Peru gefundene Leguminose (Kunth l. c. VI. 351, 353) ist nach Hemsley (Biol. centr. am. Bot. I. 303) ausser in Südamerika und Südmexiko, auch in Centralamerika, West- und Ostindien und auf den Inseln des Stillen Oceans verbreitet.

146. *Phaseolus* spec. (an *Centrosemae* spec.). — Zwischen Guadualita und Verjel, Westhang der columbianischen Ostcordillere; 800—1500 m Seehöhe. Den 5. Juli.

Mein Exemplar ist nicht näher bestimmbar, da an demselben die Blätter fehlen.

147. *Phaseolus* spec. — Zwischen Babahoyo und Palmar (Westecuador); 50—100 m Seehöhe. Den 19. August.

Da an meinem Exemplar die Blüten fehlen, ist es nicht näher bestimmbar.

148. *Cassia fistula* L. — St. Pierre auf Martinique (Kleine Antillen). Meeresniveau. Anfang Juni.

Dieser in Asien und Afrika heimische und von dort aus nach Amerika verbreitete Baum ist vermutlich aus Ostindien nach den Antillen eingeführt worden, woselbst er häufig angetroffen wird (Tussac: Flore des Antilles. IV. p. 9.).

149. *Cassia glandulosa* L. — Morne-Rouge, im Gebirge hinter St. Pierre auf Martinique (Antillen); ca. 400 m Seehöhe. Den 9. Juli.

De Candolle (Prodromus etc. II. 503) nennt als Heimat dieser Leguminose die Antillen, Hemsley (Biol. centr. am. Bot. 1. 330) Südmexiko bis Peru, Guyana und Brasilien.

150. *Prosopis microphylla* H. B. K. (?) — Unterer Rio Magdalena, zwischen Remolino und Bodega de S. Iuan (Columbien); etwa 10 m Seehöhe. Den 19. Juni.

Kunth (Nov. Gen. et Spec. Plant. VI. 243) führt *P. microphylla* aus Südmexiko, Hemsley (Biolog. centr. americ. Bot. I. p. 355) ausserdem aus Texas, Nordmexiko,

Costarica, Westindien, dem nördlichen Südamerika und den Galápagosinseln an.

Eine absolut sichere Bestimmung meines Exemplares ist durch das Fehlen von Blüten und Früchten ausgeschlossen.

151. *Prosopis* spec. — Yaguachi bei Guayaquil (Westecuador); Meeresniveau. Den 3. September.

„Blatt: Stomata mit Nebenzellen, die zum Spalte parallel sind! Schleimzellen im Mesophyll reichlich, sackartig im Palissadengewebe, rundlich im Schwammgewebe, Blattbau bifazial; einfache einzellige Haare!

Drüsen an den Rachis.

Gemischter und kontinuierlicher Sklerenchymring im Pericykel. (Solereder.)"

Die Gattung *Prosopis* liefert die charakteristischen Bäume der Küstensteppe bei Guayaquil, welch letztere Wolf (Ecuador p. 419) als *Sabana abierta* bezeichnet.

152. *Mimosa floribunda* Willd. — Aus einem Sartenejal[1]) bei Guayaquil (Westecuador). Meeresniveau. Mitte August oder Anfang September.

Bentham (Transactions of the Linnean Society. XXX. 1874—1875. p. 391) giebt Mexiko, Centralamerika, Columbien, Ecuador, Peru und Bolivien als Heimat dieser *Mimosa* an.

„*M. floribunda* Willd., *M. albida* H. B. K. und *M. sensitiva* L. sind kaum von einander zu unterscheiden, wenigstens bei Mangel an Früchten. (Neger)."

M. albida H. B. K. kommt nach Hemsley (Biol. centr. am. Bot. I. 346) wie *floribunda* von Südmexiko durch Centralamerika bis Peru hinunter vor, ist nur nicht, wie diese, auch aus Bolivien verzeichnet.

M. sensitiva L. führt De Candolle (Prodrom. II. 426) aus Brasilien an, und auch Bentham (Transactions etc. XXX. 390 und Martii Flora bras. XV, 2. p. 305) giebt keine weiteren Fundorte an.

153. *Mimosa pudica* L. — Zwischen La Dorada und Honda, mittlerer Rio Magdalena (Columbien); ca. 200 m Seehöhe. Den 4. Juli. — Zwischen Guadualita und Verjel, Westhang der columbianischen Ostcordillere; 800—1500 m Seehöhe. Den 5. Juli. — Corinto, Llanos des Rio Magdalena, zwischen Girardot und Ibagué (Columbien); ca. 1000 m Seehöhe. Den 15. Juli.

Diese *Leguminose* ist fast im ganzen tropischen Amerika gemein und ist in das tropische Afrika und Asien eingewandert (Hemsley: Biolog. centr. am. Bot. I. 349).

154. *Acacia Aroma* Gill. — (= *macracantha* Humb. et Bonpl.). — Sandige Ebene von Chimu, bei Trujillo (Nordperu): ca. 70 m Seehöhe. Den 10. September.

---

[1]) Unter Sartenejal versteht man in Ecuador ein vielfach zerklüftetes, mit spärlicher Vegetation bedecktes, unebenes Terrain, zu welchem sich im Verano, d. h. in der kühlen und trockenen Jahreszeit, die lehmigen Sabanas (Sabana = grasbedeckte Ebene) umgestalten. — (Siehe Wolf: Ecuador. p. 119. 397).

Diese *Acacia* hat nach Bentham (Transactions Linn. Soc. XXX. p. 500) und Hemsley (Biol. centr. am. Bot. I. 354) ihre Fundorte in Südmexiko, Centralamerika, auf den Antillen und im tropischen und subtropischen Südamerika, namentlich auf dessen Westseite.

Sie ist charakteristisch für die arten- und individuenarme Vegetation des sandigen Küstenstriches an der Westseite Südamerikas.

155. *Acacia farnesiana* Willd. — Llanos des Rio Magdalena, zwischen Cerca de Piedra und Caldas, nordöstlich von Ibagué (Columbien); ca. 1000 m Seehöhe. Den 24. Juli.

Diese Art ist fast in allen tropischen und subtropischen Regionen der Erde weit verbreitet (Hemsley in Biol. centr. am. Botany. I. 353).

Auf diesem Teil der Llanos des Rio Magdalena besteht die kümmerliche Vegetation des überaus trockenen Bodens streckenweise fast einzig aus *Acacia farnesiana*.

156. *Acacia* spec. — Fort de France auf Martinique (Kleine Antillen); wenig über Meeresniveau. Anfang Juni.

157. *Acacia* spec. (an *Mimosae* spec.?) — Anapoima am Rio Bogotá, oberes Rio Magdalenagebiet (Columbien); unterhalb 1000 m Seehöhe. Den 13. Juli.

158. *Inga* spec. (*I. ingoidi* Willd. affinis). — Urwald bei La Dorada, am mittleren Rio Magdalena (Columbien); ca. 200 m Seehöhe. Anfang oder Ende Juli.

Bentham (Martii Flora bras. XV, 2. p. 499) führt *Inga ingoides* aus Brasilien, Guyana und Westindien an.

Familie *Geraniaceae*.

159. *Geranium* spec. — Monserrate bei Bogotá (Columbien); 2700—3100 m Seehöhe. Den 8. Juli.

„Nachdem die Wurzelblätter fehlen und die Diagnosen der in Betracht kommenden Arten (zunächst *Ger. multiceps* Turcz. und *Lindenianum* Turcz.) unzulänglich sind, lässt sich die Art ohne entsprechendes Vergleichsmaterial nicht feststellen. (Solereder.)"

Beide vorgenannten Arten, *G. multiceps* Turcz. und *G. Lindenianum* Turcz., sind aus der Umgegend Bogotás und aus Venezuela bekannt. (Bullet. Soc. Nat. Moscou. XXXI. 417. 419. — Triana et Planchon: Prodr. Florae Nov. Granat. [Ann. Sciences Nat. Sér. V. Botan. XVII. p. 112]).

160. *Erodium cicutarium* L' Herit. — Coquimbo; felsige, vegetationsarme chilenische Küste. 30° s. Br. Den 13. Oktober. — S. Pablo am Rio Aconcagua (Chile), Uspallatapass; Gebirgswiese. Ca. 1000 m Seehöhe. Den 15. Oktober.

Nach Reiche (Flora de Chile. I. 288) ist diese *Geraniacee* von der nordchilenischen Provinz Tarapacá an ungefähr 22 Breitengrade weit nach Süden verbreitet.

161. *Pelargonium inquinans* Ait. — Soacha bei Bogotá (Columbien); ca. 2500 m Seehöhe. Erste Hälfte Juli.

Diese afrikanische Pflanze ist in Columbien nur kultiviert.

Familie *Oxalidaceae.*

162. *Oxalis filiformis* H. B. K. — Monserrate bei Bogotá (Columbien); 2700—3100 m Seehöhe. Den 8. Juli.

   Diese *Oxalis* hat ihre Heimat im Hochland Columbiens, Ecuadors und Boliviens (Weddell: Chloris Andina. II. 292).

163. *Oxalis lineata* Gill. — Östlich von Ornillo am Uspallatapass (Chile); ca. 1500—1700 m Seehöhe. Den 15. Oktober.

   Gay (Hist. fis. y polit. de Chile. Botanica. I. 440) und Reiche (Flora de Chile. 329) geben als Heimat dieser Pflanze Mittelchile an.

164. *Oxalis medicaginea* H. B. K. (= *pichinchensis* Benth.) — Monserrate bei Bogotá (Columbien); 2700—3100 m Seehöhe. Den 8. Juli.

   Diese *Oxalis*-Art haben Weddell (Chloris Andina. II. 292) u. Triana (Prodrom. Flor. Novo-Granat. [Annales Sc. Nat. Sér. V. Botan. XVII. 115]) aus den Anden Ecuadors und Columbiens verzeichnet.

165. *Oxalis mollis* H. B. K. — Zwischen Mediacion und Las Cruzes am Quindiupass, Centralcordillere (Columbien); 2000—2500 m Seehöhe. Den 18. Juli.

   Progel (Martii Flora brasiliensis. XII, 2. p. 478) nennt als Fundort dieser Pflanze die Anden. Humboldt (Kunth. Nov. Gen. et Spec. Plant. V. p. 187) hat sie in Südcolumbien gesammelt.

166. *Oxalis scandens* H. B. K. — Quindiupass, Centralcordillere (Columbien); ca. 3000 m Seehöhe. Den 19. Juli. —

   Progel (Martii Flora brasiliensis. XII, 2. p. 478) verzeichnet als Heimat dieser *Oxalis* Peru. Nach Triana (Prodrom. Flor. Novo-Gran. [Annales Sc. Nat. Sér. V. Botanique. XVII. p. 115]) haben Humboldt, Triana, Linden und Hartweg *O. scandens*, gleich mir, am Quindiu gesammelt.

167. *Oxalis Schraderiana* H. B. K. — Zwischen Buenavestica und El Moral auf dem Quindiupass, Centralcordillere (Columbien); ca. 2000 m Seehöhe. Den 21. Juli.

   Humboldt (Kunth: Nov. Gen. et Spec. Plant. V. 183) hat diese Pflanze zuerst in den Wäldern des Quindiu gesammelt. Progel (Martii Flora brasiliensis. XII, 2. p. 476) giebt Mexiko als Heimat an.

   Mein Exemplar ist unvollständig; „doch nach Fundort und Blütenbeschaffenheit die oben genannte Art.

   (Solereder.)"

168. *Oxalis stricta* L. — Tequendama bei Bogotá (Columbien); 2200—2500 m Seehöhe, den 11. Juli.

   Diese ursprünglich in Nordamerika heimische Ruderalpflanze (Martii Flor. bras. XII, 2. p. 479) ist jetzt fast über die ganze Erde verbreitet.

   Mein Exemplar ist ein kümmerliches.

169. *Oxalis* spec. — Zwischen Villeta und Facatativá, Westhang der Ostcordillere (Columbien); 1000—2500 m Seehöhe. Den 6. Juli.
Farbe der Blumenkrone schwefelgelb.

Familie *Tropaeolaceae*.
170. *Tropaeolum tricolor* Lindl. — Ornillo am Uspallatapass (Chile), enges Gebirgsthal: ca. 1400 m Seehöhe. Den 15. Oktober.
Reiche (Flora de Chile. I. 299) giebt als Fundort dieser *Tropaeolum*-Art das chilenische Gebiet von Taltal südwärts bis etwa 30° s. Br. an, und sagt, dass sie für die Frühlingsflora, also die Flora der Monate Oktober und November, sehr charakteristisch ist.

Familie *Zygophyllaceae*.
171. *Larrea divaricata* Cav. — Sierra de Uspallata (Westargentinien); gegen 2000 m Seehöhe. Den 18. Oktober.
Engler (Martii Flora bras. XII, 2. p. 74) führt als Heimat dieser Pflanze Argentinien und Chile an und vermutet, dass sie auch in Südbrasilien anzutreffen sei.
Es ist ein in der Sierra de Uspallata, auf der von der Bahn nach Mendoza verfolgten Strecke, häufiger Strauch.
172. *Porliera hygrometrica* R. et P. — Payta, nordperuanische Küste: Meeresniveau. Den 7. September.
Gay (Hist. fis. y polit. de Chile. Botanica. I. p. 477) führt diese Art aus Chile an, von der Provinz Coquimbo südwärts bis zur Provinz Colchagua. Engler und Prantl (Die natürlichen Pflanzenfamilien. III. 4, S. 84) nennen als Verbreitungsgebiet auch Südperu.
Diese *Porliera* war die einzige Pflanze, welche wir in der Sandwüste von Payta bemerkten.
Mein Exemplar wurde von Solereder nach Anatomie und Morphologie bestimmt.

Familie *Polygalaceae*.
173. *Monnina denticulata* Chod. (affinis *M. evonymoidi* Schlechtd. et Cham.). — Zwischen Playas und Balsabamba (Westecuador); ca. 100—600 m Seehöhe. Waldige Gegend. Den 20. August.
Diese erst 1895 von Chodat beschriebene Art (Bulletin de l'herbier Boissier. III. p. 135) ist von ihm nur aus Guayaquil (Westecuador) angeführt.
174. *Monnina ytophlaccaefolia* H. B. K. var. *α*. — Zwischen Villeta und Facatativá, Westhang der columbianischen Ostcordillere; ca. 1000—2500 m Seehöhe. Den 6. Juli.
Kunth (Nov. Gen. et Spec. Plant. V. 323) giebt als Heimat von *M. phytolaccaefolia* var. *α* Columbien an.
175. *Monnina* spec. — Zwischen Pocho de S. Lucia und Las Palmas, Westhang der Westcordillere Ecuadors; ca. 1000 bis 2000 m Seehöhe. Den 21. August.
Da diesem Exemplar die älteren Blätter fehlen, ist die Bestimmung der Spezies unmöglich.

Familie *Sapindaceae.*

176. *Tripterodendron filicifolium* Rdlkf. — Urwald bei Mochila am mittleren Rio Magdalena (Columbien); ca. 140 m Seehöhe. Den 2. Juli.

Die monotypische Gattung *Tripterodendron* ist, nach Radlkofer, bisher nur aus Brasilien bekannt gewesen (Engler und Prantl: Die natürlichen Pflanzenfamilien. III, 5. S. 342), und zwar, wie es scheint (Martii Flora bras. Fasc. CXXIV. p. 634), nur aus Mittelbrasilien.

Familie *Ampelidaceae.*

177. *Vitis sicyoides* Baker. — Hänge des Corcovado bei Rio de Janeiro (Brasilien); etwa 500 m Seehöhe. Den 26. Oktober.

Diese *Vitis*-Art ist nach Baker (Martii Flora bras. XIV, 2. p. 203) und Hemsley (Biologia centr. am. Bot. I. 203) über das ganze tropische und subtropische Amerika verbreitet, von Mexiko und den Antillen bis Uruguay und Argentinien.

Familie *Malvaceae.*

178. *Malvastrum* nov. spec.? — Hänge zwischen Tambo und Posco, Arequipabahn (Südperu); zwischen 300 und 530 m Seehöhe. Den 27. September.

Diese reizende, kleine, blaulilablühende *Malvacee* ist Professor Schumann unbekannt.

Wegen Mangel an Früchten lässt sich eine zuverlässige Diagnose dieser vielleicht neuen Art nicht geben.

179. *Malvastrum* spec. — Taltal, an der chilenischen Küste, unter ca. 25° 30′ s. Br. Den 11. Oktober.

„Die vorliegende Pflanze gehört nach Stellung und Anordnung der Samenanlagen, sowie nach Gestalt der Griffelenden unzweifelhaft in die Gattung *Malvastrum*, stimmt aber mit keiner der in Reiche: Flora de Chile I 230 beschriebenen Arten überein. Höchst wahrscheinlich ist sie neu; doch muss von einer definitiven Beschreibung und Namensgebung abgesehen werden, da nur die oberen, der Blütenregion angehörenden Teile vorliegen."

„Einstweilen möge die nachstehende Beschreibung genügen:

M. Caule erecto suffruticoso?, pilosofoliis ......; foliis superioribus ovatis, serratolobatis vel undulatis obtusis, 2—3 × 1,5—2 cm, petiolis folia aequantibus, stipulis lanceolatis minutis, pedunculis folia (incl. petiol.) superantibus, 1—3 floris axillaribus, solitariis vel 2—3 fasciculatis; floribus caeruleis, calyce hirsuto exinvolucrato; corolla majuscula, calycem bis aequante. (Neger.)"

180. *Sida acuta* Burm. var. *carpinifolia* K. Sch. — Corinto, Llanos des Rio Magdalena zwischen Girardot und Ibagué (Columbien); etwa 1000 m Seehöhe. Den 15. Juli.

Schumann (Martii Flora bras. XII, 3. p. 327) erwähnt die var. *carpinifolia* aus Guyana, Brasilien und Paraguay und sagt, dass sie eine in den Tropen der ganzen Erde auf Schutt wachsende Pflanze ist.

181. *Sida rhombifolia* L. var. *a typica* K. Sch. — Zwischen El Moral und Machin auf dem Quindiupass, Centralcordillere (Columbien); 2000—2400 m Seehöhe. Den 18. Juli.

Schumann (Martii Flor. bras. XII, 3. p. 340) und Hemsley (Biolog. centr. am. Bot. I. 106) sagen, dass diese *Sida* in Süd-, Central- und Nordamerika und auch in der alten Welt verbreitet ist.

182. *Sida spinosa* L. var. *angustifolia* K. Sch. — Zwischen Babahoyo und Palmar (Westecuador); höchstens etwa 30 m Seehöhe. Den 19. August.

Schumann (Martii Flora bras. XII, 3. p. 299) giebt als Verbreitungsgebiet dieser Varietät Brasilien, Uruguay, Paraguay, Argentinien, Peru, Mexiko und die Antillen an, ferner die Insel Mauritius und Ostindien, woselbst sie wahrscheinlich eingeführt ist.

183. *Pavonia typhalaea* Cav. — Nervití, unterer Rio Magdalena (Columbien); etwa 30 m Seehöhe. Den 19. Juli.

Schumann (Martii Flora bras. XII, 3. p. 484) nennt als Verbreitungsgebiet dieser *Pavonia* Mexiko, Centralamerika, Columbien, Peru, Paraguay, Brasilien, Guyana, Venezuela und die Antillen.

184. *Pavonia* spec. — Zwischen La Dorada und Honda am mittleren Rio Magdalena (Columbien); ca. 200 m Seehöhe. Den 4. Juli.

Blüte gelb.

185. *Hibiscus rosa-sinensis* L. — Fort de France auf Martinique (Kleine Antillen); wenig über dem Meeresniveau. Heckenbildend. Erste Hälfte Juni.

Diese in Ostindien heimische *Malvacee* ist nach Duss (Plantes de la Guadeloupe et de la Martinique [Annales de l'Inst. Colon. de Marseille. III. p. 76]) sowohl auf Martinique wie auf Guadeloupe verbreitet.

186. *Gossypium religiosum* L. — Chimu bei Trujillo (Nordperu); ca. 70 m Seehöhe. Sandige Ebene. Den 10. September.

Nach Schumann (Martii Flora bras. XII, 3. p. 585) wird dieses *Gossypium* ausser in Peru, in verschiedenen anderen Ländern Südamerikas, in Centralamerika und auf den Antillen kultiviert.

Familie *Ochnaceae*.

187. *Sauvagesia erecta* L. — Morne-Rouge oberhalb St. Pierre auf der Insel Martinique (Kleine Antillen); ca. 400 m Seehöhe. Den 9. Juni.

Nach Eichler (Martii Flora bras. XIII, 1. p. 409) ist diese Pflanze von Mexiko bis Südbrasilien und Peru und auf den Antillen, ausserdem im tropischen Afrika und auf den Inseln des Indischen Archipels verbreitet. Duss (Plantes de la Guadeloupe et de la Martinique [Annales de l'Instit. Colon. de Marseille. III. 108, 109]) sagt, dass sie sowohl auf Martinique wie in Französisch Guyana häufig vorkommt und (wenigstens auf Martinique) das ganze Jahr blüht.

Familie *Guttiferae*.

188. *Hypericum thesiifolium* H. B. K. (= *multiflorum* H. B. K.). — Östlich von Pucará, auf der Passhöhe der Westcordillere Ecuadors; ca. 3000 m Seehöhe. Den 28. August.

Humboldt (Kunth: Nov. Gen. et Spec. Plant. V. 148, 150) hat diese *Hypericum*-Art in Columbien und Ecuador gesammelt; Weddell (Chloris Andina. II. 270) führt Fundorte aus Columbien und aus Bolivien an.

189. *Clusia* spec. — Zwischen Pucará und S. Antonio, Westhang der Westcordillere Ecuadors; waldiges Gebiet. Ca. 1800 bis 2800 m Seehöhe. Den 28. August.

Die Gattung dieser Pflanze ist nach dem Habitus der Blätter und nach den anatomischen Merkmalen bestimmt.

Familie *Bixaceae*.

190. *Cochlospermum vitifolium* Spreng. (= *Wittelsbachia vitifolia* Mart. = *Maximiliana hibiscoides* O. Ktze. = *Maximiliana vitifolia* Krug et Urb.). — Estero Salado bei Guayaquil (Ecuador); Meeresniveau. Den 15. August und 5. September.

Diese Bäume der trockenen Küstenregion Ecuadors blühen im August und Anfang September zu einer Zeit, da sie noch keine Blätter entwickelt haben.

Nach Urban (Engler: Botanische Jahrbücher. XV. 1892. p. 294) ist diese *Bixacee* von Mexiko bis Ecuador verbreitet, nach Warburg (Engler und Prantl: Die natürl. Pflanzenfamilien. III, 6. p. 313) von Südmexiko bis Columbien und auf den Antillen, woselbst sie Urban (Engler l. c. XV. S. 294) nur als gepflanzt erwähnt.

Familie *Violaceae*.

191. *Viola arguta* H. B. K. — Passhöhe oberhalb Las Palmas, Westcordillere Ecuadors zwischen Balsabamba und Chapacoto; ca. 3000 m Seehöhe. Den 22. August.

Diese *Viola*-Art ist von Humboldt (Kunth: Nov. Gen. et Spec. Plant. V. 373) aus Südecuador und von Triana (Prodr. Flor. Nov. Granat. [Ann. Sciences Nat. Sér. IV. Botanique. XVII. p. 122]) aus Südcolumbien und Peru genannt.

192. *Viola scandens* Willd. — Quindiupass, Centralcordillere (Columbien); ca. 3000 m Seehöhe. Den 19. Juli.

Diese Art hat Humboldt (Kunth l. c. V. 371) in Südecuador gesammelt und erwähnt Triana (Prodr. etc. [Ann. Sc. N. Sér. IV. Bot. XVII. p. 120] aus den Anden Columbiens. Hemsley (Biolog. centr. am. Bot. I. 51) nennt als Heimat Südmexiko und Südamerika bis Peru und Brasilien.

„Das vorliegende Exemplar weicht von der normalen Form ab durch Wucherungen des epidermalen Gewebes — starke Vergrösserung des Zellumens — besonders an den Zähnen des Blattrandes, seltener auf der Blattfläche, welche in der äusseren Erscheinung an die Kalkablagerungen bei gewissen *Saxifraga*-Arten erinnern. (Neger.)"

Familie *Turneraceae.*

193. *Turnera ulmifolia* L. — Zwischen La Dorado und Honda am mittleren Rio Magdalena (Columbien); ca. 200 m Seehöhe. Den 4. Juli.

Diese *Turnera*-Art ist nach Hemsley (Biolog. centr. am. Botany. I. p. 475) von Südmexiko über Centralamerika bis Peru und Brasilien, ausserdem auf den Galápagosinseln und den Antillen verbreitet, und hat sich auch in Ostindien eingebürgert.

„Sehr charakteristisch sind die grossen Nektardrüsen an Blattbasis und Blattstiel und die an die Blattstiele angewachsenen Blütenstiele. (Solereder.)"

Familie *Malesherbiaceae.*

194. *Malesherbia humilis* Don. — Taltal an der chilenischen Küste; unter ca. 25° 30′ s. Br. Den 11. Oktober. — Coquimbo, chilenische Küste; ca. 30° s. Br. 20—50 m Seehöhe. Den 13. Oktober.

Gay (Hist. fis. y polit. de Chile. Botanica. II. p. 426) giebt als Fundort dieser Pflanze die trockenen Hügel zwischen Coquimbo und Santiago an; nach Reiche (Flora de Chile. II. 318) dehnt sich ihr Verbreitungsgebiet etwas weiter nach Norden aus.

Familie *Passifloraceae.*

195. *Passiflora lunata* Willd. — Caño bei Santander am Rio Lebrija, Nebenfluss des Rio Magdalena (Columbien); ca. 70 — 80 m Seehöhe. Üppiges, feuchtes Waldterrain, Flussufer. Den 25. Juni.

Nach Masters (Martii Flora bras. XIII, 1. p. 552) hat diese Art ihre Fundorte in Mexiko, Centralamerika, Venezuela, Columbien und auf den Antillen.

196. *Tacsonia glaberrima* Juss. — Zwischen Villeta und Facatativá, Westhang der columbianischen Ostcordillere; ca. 1800—2700 m Seehöhe. Den 6. Juli.

Diese *Passifloracee* hat Humboldt (Kunth: Nov. Gen. et Spec. Plant. II. p. 113) in den hochandinen Regionen Süd- und Nordecuadors gefunden, Masters (Martii Flora bras. XIII, 1. p. 540) erwähnt sie ausserdem aus den andinen Regionen Columbiens und Boliviens.

197. *Tacsonia manicata* Juss. — Zwischen Pocho de S. Lucia und Las Palmas, Westhang der Westcordillere (Ecuador); ca. 1300—2200 m. Den 21. August.

Diese *Tacsonia*-Art hat nach Masters (Martii Flora bras. XIII, 1. p. 539) ihre Fundorte in den Anden Columbiens, Ecuadors und Perus, nach Triana und Planchon (Prodr. etc. [Ann. Sc. Nat. Sér. V. Botan. XVII. p. 139]) ausserdem in Venezuela.

Familie *Lousaceae*.
198. *Mentzelia chilensis* Gay *var. atacamensis* Urb. et Gilg. — Taltal, chilenische Küste; unter ca. 25° 30′ s. Br. Den 11. Oktober.
  Die Stammform dieser *Mentzelia*-Art hat nach Gay (Historia fisica y politica de Chile. Botan. II. 432) ihren Fundort in der chilenischen Provinz Coquimbo, die Varietät nach Urban (Monographia *Loasacearum*. p. 50) den ihrigen in der Atacamawüste.
199. *Loasa Humboldtiana* Urb. et Gilg. (?) — Zwischen Playas und Balsabamba (Westecuador): ca. 100—600 m Seehöhe. Waldige Gegend. Den 20. August.
  Loasa Humboldtiana hat ihre Heimat in den Anden Ecuadors (Urban: Monographia *Loasacearum*. p. 241).
200. *Loasa triphylla* Juss. *var. papaverifolia* Urb. et Gilg. — Pié de San Juan am Quindiupass, Centralcordillere (Columbien): ca. 2000 m Seehöhe. Den 20. Juli.
  Diese *Loasa*-Art ist nach Gilg (Engler und Prantl: Die nat. Pflanzenfam. III, 6 Abteil. a. S. 118) in zahlreichen Varietäten von Mexiko bis Peru verbreitet. Speziell die var. *papaverifolia* führt Urban (Mon. Loas. p. 239, 240) aus den Anden Venezuelas, Columbiens und Ecuadors bis hinunter nach Chile an.

Familie *Begoniaceae*.
201. *Begonia martinicensis* DC. — Morne-Rouge oberhalb St. Pierre auf Martinique (Kleine Antillen); ca. 400 m Seehöhe. Den 9. Juni.
  Duss (Plantes de la Guadeloupe et de la Martinique [Annales d. l'Inst. Colon. de Marseille. III. 321]) sagt, dass diese *Begonia*-Art auf Martinique häufig ist, und zwar zwischen 300 und 800 m Seehöhe. Grisebach (Flora of the British West Indian Islands. p. 304) führt sie von S. Vincent auf. Alphonse De Candolle (Prodromus. XV, 1. p. 294) nennt keine weiteren Fundorte als die schon erwähnten.
202. *Begonia Ottonis* Walp. (?) — Zwischen Playas und Balsabamba (Westecuador); ca. 100—600 m Seehöhe. Waldige Gegend. Den 20. August.
  Von *B. Ottonis* giebt A. De Candolle (Prodromus XV, 1. p. 292) Fundorte aus Venezuela und Columbien an.
203. *Begonia* spec. mit ♂ Blüten. — Zwischen Guadualita und Verjel, Westhang der columbianischen Ostcordillere: 800 bis 1500 m Seehöhe. Den 5. Juli.
  Da dieses Exemplar unvollkommen ist, lässt es sich nicht näher bestimmen.

Familie *Cactaceae*.
204. *Cactacea*. — Coquimbo, chilenische Küste: ca. 30° s. Br. Den 13. Oktober.
  Da an meinem Exemplar die Vegetationsorgane fehlen, ist dasselbe nicht näher bestimmbar. Blüte rot.

Familie *Thymelaceae*.
205. *Daphnopsis caracasana* Meissn. — Zwischen Guaranda und Gankis, interandines Gebiet (Ecuador), Weg zum Páramo des Chimborazo; ca. 3000 m Seehöhe. Den 26. August.
Meissner (De Candolle: Prodr. XIV, 1. p. 521) nennt als Heimat dieses Strauches Columbien.
„Achse N. B.: Intraxylaeres Phloëm, am Innenrande von Bastfasern gestützt. Äusseres Phloëm mit zahlreichen Bastfasern; N. B.! Bruch des Zweiges davon faserig.
In der Achse (Rinde) Drusen, gewöhnliche und styloidenähnliche Einzelkrystalle, im Blatt nur Drusen.
Subepidermale Korkentwicklung! Spaltöffnungen von gewöhnlichen Epidermiszellen umstellt!
Im Blatte durchgehende Nerven.
N. B.! Einzellige ungleich-zweiarmige Haare.
Ex anatomia: *Daphnopsis* spec. (Fam. *Thymelaceae*).
Ex patria et foliorum qualitate (cfr. Kew Index sub. *Daphnopsis* et De Candolle Prodr. XIV, 1. p. 520 sqq).
D. Caracasana Meissn.
(Solereder VIII 1900.)"

Familie *Lythraceae*.
206. *Cuphea antisyphilitica* Kth.(?) — Tequendama bei Bogotá (Columbien); 2500 m Seehöhe. Den 11. Juli.
Köhne (Martii Flora bras. XIII, 2. p. 286) und Engler und Prantl (Die natürl. Pflanzenfamilien. III, 7. p. 9) geben als Verbreitungsgebiet dieser Pflanze die Sierra de Santa Marta in Nordcolumbien, Venezuela und verschiedene Punkte in Brasilien an.
207. *Cuphea dipetala* Köhne (=*verticillata* H. B. K.). — Tequendama bei Bogotá (Columbien) gegen 2500 m Seehöhe. Den 11. Juli.
Humboldt (Kunth: Nov. Gen. et Spec. Plant. VI. 163) nennt als Heimat dieser Pflanze das heisse Peru, De Candolle (Prodr. III. 83) Südamerika, ohne nähere Angabe, und Köhne (Engler: Botanische Jahrbücher. II. 423) die columbianischen Anden und gleichfalls Peru.
208. *Cuphea racemosa* (L. f.) Spreng. var. *α tropica* Cham. et Schlechtd. — Zwischen Villeta und Facatativá, Westhang der columbianischen Ostcordillere; ca. 800—2000 m Seehöhe. Den 6. Juli.
Cuphea racemosa ist in zahlreichen Varietäten von Mexiko bis Montevideo verbreitet (Köhne in Martii Flora bras. XIII, 2. p. 245). Varietät *α* kommt in Mexiko, Columbien, Ecuador, Peru, Brasilien und den Antillen vor (Engler: Botanische Jahrbücher. I. 450).
209. *Cuphea* spec. — Zwischen Playas und Balsabamba (Westecuador); ca. 100—600 m Seehöhe. Waldige Gegend. Den 20. August.
„?(Identisch mit der von Eggers (Flora Am. trop.) unter No. 14091 herausgegebenen (in Ecuador gesammelten) Pflanze, deren Bestimmung noch aussteht). (Neger.)"

Familie *Rhizophoraceae.*
  210. *Rhizophora Mangle* L. — Bei Cartagena (Nordcolumbien).
  Anfang August. — Estero Salado bei Guayaquil (Westecuador).
  August, September.
  Diese *Rhizophora*-Art ist von Mexiko bis nach dem südlichen Südamerika hinunter, auf den Antillen, den Inseln des Stillen Oceans und an der afrikanischen Westküste verbreitet (Engler in Martii Flora bras. XII, 2. p. 427).
  Das Exemplar aus Columbien ist sehr schlecht erhalten und deshalb eine sichere Bestimmung desselben ausgeschlossen.

Familie *Combretaceae.*
  211. *Laguncularia racemosa* Gaert. f. — Estero Salado bei Guayaquill (Ecuador). August, September.
  Nach Eichler (Martii Flor. bras. XIV, 2. p. 102) wächst diese *Combretacee* sowohl an der Ost- wie an der Westküste des tropischen Amerika und an der Westküste des tropischen Afrika.

Familie *Myrtaceae.*
  212. *Myrtacea* — Zwischen La Dorada und Honda, mittlerer Rio Magdalena (Columbien); ca. 200 m Seehöhe. Den 4. Juli. Blüte weiss.
  Da mein Exemplar weder eine Frucht noch einen beblätterten Zweig hat, ist es nicht bestimmbar.

Familie *Melastomaceae.*
  213. *Arthrostemma volubile* Triana. — Zwischen Guadualita und Verjel, Westhang der Ostcordillere (Columbien); 800—1500 m Seehöhe. Den 5. Juli. — Zwischen Pocho de S. Lucia und Las Palmas, Westhang der Westcordillere (Ecuador); 1300—2000 m Seehöhe. Den 21. August.
  Diese *Melastomacee* war nach Cogniaux (De Candolle: Suites au Prodromus. VII. p. 142) bisher nur aus Columbien bekannt.
  214. *Brachyotum strigosum* Triana. — Monserrate bei Bogota (Columbien); 2700—3100 m Seehöhe. Den 8. Juli.
  Nach Cogniaux (De Candolle: Suites etc. VII. 160) hat dieses *Brachyotum* seine Fundorte in den hochandinen Regionen Columbiens und Ecuadors.
  215. *Pterolepis glomerata* Miq. — Morne-Rouge, oberhalb St. Pierre auf Martinique (Kleine Antillen); ca. 400 m Seehöhe. — Gebirgswald zwischen St. Pierre und Fort de France (?) auf Martinique. Anfang Juni.
  Diese *Melastomacee* wird nach Cogniaux (De Candolle Suites etc. VII. 191) auf den Kleinen Antillen, in Venezuela, Guyana und Brasilien gefunden.
  216. *Tibouchina Andreana* Cogn. — Quindiupass, Centralcordillere (Columbien); ca. 3000 m Seehöhe. Den 19. Juli.
  Diese Pflanze ist von Cogniaux (De Candolle etc. VII. 275) nur aus den andinen Regionen Columbiens verzeichnet.

217. *Tibouchina ciliaris* Cogn. — Verjel, Westhang der Ostcordillere Columbiens; ca. 1500 m Seehöhe. Den 5. Juli. — Zwischen El Moral und Machin auf dem Quindiupass, Centralcordillere (Columbien); 2000—2400 m Seehöhe. Den 18. Juli.
Als Heimat dieser weissblühenden *Melastomacee* giebt Cogniaux (De Candolle etc. VII. 257) Columbien und Costarica an.

218. *Tibouchina grossa* Cogn. — Monserrate bei Bogotá (Columbien); 2700—3100 m Seehöhe. Den 8. Juli.
Cogniaux (De Cand. etc. VII. 275) führt diese *Tibouchina* aus Columbien, Ecuador und Peru an.

219. *Tibouchina lepidota* Baill. — Zwischen Villeta und Facatativá, Westhang der columbianischen Ostcordillere; ca. 1200—2000 m Seehöhe. Den 6. Juli. — Zwischen Pucará und San Antonio, Westhang der Westcordillere (Ecuador); 1600—3000 m Seehöhe. Den 28. August.
Als Verbreitungsgebiet dieser *Tibouchina* werden von Cogniaux (De Candolle etc. VII. 238) Columbien und Ecuador genannt.
Ein und derselbe Strauch trägt gleichzeitig Blüten mit roten und Blüten mit violetten Blumenblättern. Cogniaux giebt an (l. c. 238), dass die Petala zunächst tiefrot sind und sich dann violett verfärben.

220. *Tibouchina paleacea* Cogn. — Quindiupass, Centralcordillere (Columbien); gegen 3000 m Seehöhe. Mitte Juli.
Cogniaux (De Candolle etc. VI. 238) nennt diese Pflanze nur aus Columbien.
Der Vulgärname dieser *Melastomacee* mit blauroten Blumenblättern ist *Maio*.

221. *Monochaetum Hartwegianum* Naud. — Östlich von Mediacion auf dem Quindiupass, Centralcordillere (Columbien); 2000—2500 m Seehöhe. Den 17. Juli.
Nach Cogniaux (De Candolle etc. VII. 394) sind die Fundorte dieser *Melastomacee* in Costarica, Columbien und Ecuador.

222. *Monochaetum Lindenianum* Naud. var. *parvifolium* Cogn. — Quindiupass, Centralcordillere (Columbien); gegen 3000 m Seehöhe. Mitte Juli.
Diese Varietät ist nach Cogniaux (De Candolle etc. VII. 405) auf Columbien beschränkt.

223. *Monochaetum lineatum* Naud. — Zwischen Villeta und Facatativá, Westhang der Ostcordillere Columbiens; ca. 1000—2200 m Seehöhe.
Fundorte dieses rosablühenden Strauches finden sich nach Cogniaux (De Candolle etc. VII. 399) in Columbien, Ecuador und Peru.

224. *Monochaetum myrtoideum* Naud. — Monserrate bei Bogotá (Columbien); 2700—3100 m Seehöhe. Den 8. Juli.
Cogniaux (De Candolle etc. VII. 403) führt dieses *Monochaetum* nur aus Columbien an. Hemsley (Biologia centrali-americana. Botany. I. 420) erwähnt es auch aus Südmexiko.

225. *Leandra melanodesma* Cogn. — Zwischen Mediacion und El Moral auf dem Quindiupass, Centralcordillere (Columbien); ca. 2000 m Seehöhe. Den 17. Juli.

Die Fundorte dieser Pflanze sind nach Cogniaux (De Candolle etc. VII. 659) in Mexiko, Guatemala, Columbien und Ecuador.

226. *Leandra* spec. — Corcovado bei Rio de Janeiro (Brasilien); ca. 500 m Seehöhe. Ende Oktober.

227. *Conostegia subhirsuta* DC. — Bei St. Pierre auf Martinique (Kleine Antillen); etwas über Meeresniveau. Anfang Juni.

Diese *Melastomacee* ist nach Cogniaux (De Candolle etc. VII. 706) auf den Antillen, in Mexiko, Centralamerika, Columbien, Brasilien und Paraguay gefunden worden.

228. *Miconia crocea* Naud. — Interandines Gebiet, zwischen Pucará und Guaranda (Ecuador); ca. 3000 m Seehöhe. Den 28. August.

Dieser Strauch hat nach Cogniaux (De Candolle etc. VII. 898) seine Fundorte in Columbien, Ecuador und Peru.

229. *Miconia ligustrina* Triana. — Monserrate bei Bogotá (Columbien): 2700—3100 m Seesöhe. Den 8. Juli.

Cogniaux (De Candolle etc. VII. 920) giebt als Verbreitungsgebiet dieser *Melastomacee* Columbien, Ecuador und Peru an.

230. *Miconia Theresiae* Cogn. nov. spec. (sect. *Cremanium*). — Zwischen Pocho de S. Lucia und Las Palmas, Westhang der Westcordillere (Ecuador), auf dem Weg von Babahoyo nach Guaranda: ca. 1300—2200 m Seehöhe. Den 21. August.

(Beschreibung dieser neuen Spezies durch Cogniaux am Schlusse dieses Aufsatzes. Abbildung Tafel II, Fig. 1, 2, 3).

231. *Clidemia hirta* D. Don. — Zwischen Guadualita und Verjel, Westhang der Ostcordillere Columbiens: 800—1500 m Seehöhe. Den 5. Juli.

Nach Cogniaux (De Candolle etc. VII. 987) ist diese *Melastomacee* von Mexiko bis Paraguay und auf den Antillen verbreitet und in Ostasien verwildert.

232. *Ossea diversifolia* Cogn. (?) — Zwischen Playas und Balsabamba, Westhang der Westcordillere (Ecuador); am Rio Limon. 50—600 m Seehöhe. Den 20. August.

Ossea diversifolia ist nach Cogniaux (De Candolle etc. VII. 1065) bisher nur aus Columbien bekannt gewesen.

Familie *Oenotheraceae*.

233. *Oenothera albicans* Lam. — Zwischen Tambo und Posco, Arequipabahn, Westhang der Westcordillere (Südperu). Zwischen 300 und 550 m Seehöhe. Den 27. September.

Lamarck (Encyclopédie Méthodique. Botanique. IV. 552) giebt Peru als Heimat dieser Pflanze an.

Mein Exemplar ist, nach Solereder, zu *Oen. albicans* zu rechnen, zeigt aber durch die abstehende Behaarung des Fruchtknotens einen Übergang zu zwei anderen mit *Oen. albicans* nahe verwandten Arten, nämlich *Oen. mollissima* C. und *odorata* Jacq.

234. *Oenothera epilobifolia* H. B. K. — Tequendama bei Bogotá (Columbien); 2200—2500 m Seehöhe. Den 11. Juli.
   Kunth (Nov. Gener. et Spec. Plant. VI. 73) giebt Columbien als Heimat dieser *Oenothera* an, welche der in Mexiko und Peru vorkommenden *O. rosea* Ait. nahe steht.

235. *Oenothera Tarquensis* H. B. K. — Zwischen Las Palmas und der Passhöhe gegen Chapacoto zu, Westhang der Westcordillere (Ecuador); 2300—3000 m Seehöhe. Den 22. August. — Zwischen Pucará und Guaranda, interandines Gebiet (Ecuador): ca. 3000 m Seehöhe. Den 29. August.
   Kunth (Nov. Gen. et Spec. Plant. VI. 73) nennt als einzigen Fundort dieser Pflanze die Umgegend Quitos (Ecuador). Moritz Wagner sammelte sie im Jahre 1858 am Vulkan Cotopaxi und im Thal von Guaranda südlich des Chimborazo in ca. 2000—2900 m Seehöhe.

236. *Fuchsia corymbiflora* R. et P. (?) — Zwischen Boca del Monte und Tambo, waldiger Westhang der Ostcordillere (Columbien): 2300—2600 m Seehöhe. Den 12. Juli.
   Bentham (Plant. Hartweg. p. 176) giebt als Fundort dieser Art die Westhänge des Pichincha an.

237. *Fuchsia petiolaris* H. B. K. — Quindiupass in der Centralcordillere (Columbien); ca. 3400 m Seehöhe. Bergwald. Den 19. Juli.
   Kunth (Nov. Gen. et Spec. Plant. VI. 83) giebt als Fundort dieser Art Bogotá (Columbien) an.

238. *Fuchsia scabriuscula* Benth (?) — Zwischen Las Palmas und der Passhöhe, Westhang der Westcordillere (Ecuador). 2300—3000 m Seehöhe. Den 22. August.
   Nach Bentham (Plant. Hartweg. p. 177) hat diese Fuchsia ihre Fundorte auf dem Westhange der Anden von Quito.

239. *Fuchsia sessilifolia* Benth. — Zwischen El Moral und Machin, Osthang des Quindiupasses, Centralcordillere (Columbien). 2000—2400 m Seehöhe. Den 18. Juli.
   Bentham (Pl. Hartw. p. 177) nennt als Fundort dieser Art den gleichen wie für *corymbiflora* R. et P., nämlich die Pichinchahänge.
   Dr. Neger schreibt über mein Exemplar: „Die Stengelblätter fehlen, nur die Blätter der Blütenregion sind vorhanden; sieht man von der Grösse der Blätter, welche sich nach dem vorliegenden Material nur unvollkommen beurteilen lässt, ab, so stimmt die Diagnose obiger Art gut auf die vorliegende Pflanze."

240. *Fuchsia venusta* H. B. K. — Zwischen Villeta und Facatativá, Westhang der Ostcordillere (Columbien); ca. 1200—2400 m Seehöhe. Den 6. Juli.
   Diese mennigrotblühende *Fuchsia* hat Humboldt (Kunth: Nov. Gen. et Spec. Plant. VI. 84) aus Columbien mitgebracht. Auch Bentham (Plant. Hartweg. 179) nennt nur columbianische Fundorte.

241. *Fuchsia* spec. (ex affinitate *F. triphyllae* H. B. K. vel *umbrosae* Benth.) — Zwischen El Moral und Machin am Osthang des Quindiupasses, Centralcordillere (Columbien); 2000—2400 m Seehöhe. Den 18. Juli.

Humboldt (Kunth: Nov. Gen. et Spec. Plant. VI. 84) sammelte *F. triphylla* in Columbien, Bentham (Plant. Hartw. 176) *F. umbrosa* bei Quito (Ecuador).

Eine mit meinem Exemplar übereinstimmende *Fuchsia* wurde von Moritz Wagner in Cerro del Alto, östliche Anden, gesammelt.

Familie *Umbelliferae*.
242. *Eryngium humile* Cav. α. — Páramo des Chimborazo (Ecuador): gegen 4000 m Seehöhe. Ende August.

Diese Form α hat nach Weddell (Chloris Andina II 201) ihre Fundorte in den hochandinen Regionen Columbiens und in Ecuador am Pichincha und Antisana.

Auf dem Páramo des Chimborazo ist dieses *Eryngium* charakteristisch in der Vegetationsphysiognomie.

243. *Umbellifera*. — Maquenna, Argentinische Pampa. Oktober.

Diese *Umbellifera*, von welcher im Herbarium nur ein Blatt vorhanden, ist nicht näher bestimmbar.

Familie *Ericaceae*.
244. *Gaultheria conferta* Benth. — Monserrate bei Bogotá (Columbien): 2700—3100 m Seehöhe. Den 8. Juli.

Weddell (Chloris Andina. II. 175) führt als Heimat dieser *Ericacee* die Anden von Bogotá und das Quindiugebirge an, somit ausschliesslich columbianische Andengebiete.

Familie *Oleaceae*.
245. *Jasminum Sambac* Ait. — Morne-Rouge, oberhalb St. Pierre, Insel Martinique (Kl. Antillen); ca. 400 m Seehöhe. Anf. Juni.

Diese Art wird nach Duss (Plantes de la Guadeloupe et de la Martinique [Annales de l'Instit. Colon. de Marseille. III. p. 392]) auf den französichen Antillen häufig kultiviert. Sie stammt aus Ostindien.

246. *Jasminum* spec. — Morne-Rouge, oberhalb St. Pierre, Insel Martinique (Kleine Antillen); ca. 400 m Seehöhe. Anfang Juni.

Ausser dem *Jasminum Sambac* werden nach Duss (l. c. III. 392) noch fünf andere Species *Jasminum* auf den französischen Antillen häufig kultiviert, von denen jedoch keine einheimisch ist. Dieselben blühen das ganze Jahr hindurch.

Familie *Gentianaceae*.
247. *Symbolanthus* verosim. nov. spec. — Estero Salado bei Guayaquil (Ecuador); Brackwassergebiet. Mitte August oder Anfang September.

Nach Professor Dr. Kusnezow in Jurjew (Dorpat) ist diese Pflanze möglicherweise eine neue Art. Da nur unvollständiges Material vorliegt, ist es nicht zweckmässig, einen Namen zu geben.

(Eine kurze Diagnose von Dr. Neger folgt am Schluss).

248. *Gentiana diffusa* H. B. K. *var. α* Griseb. — Zwischen Las Palmas und der Passhöhe, Westhang der Westcordillere (Ecuador); 2300—3000 m Seehöhe. Den 22. August. — Zwischen Pucará und S. Antonio, Westhang der Westcordillere (Ecuador): 2000—3000 m Seehöhe. Den 29. August.
Grisebach (Genera et Species Gentianarum. p. 234) und Weddell (Chloris Andina. II. 66) geben als Fundort dieser Art die höheren Anden Ecuadors an; Gilg (Engler: Botan. Jahrbücher. XXII. 328) nennt ausserdem einen columbianischen Fundort.

249. *Gentiana rupicola* H. B. K. — Páramo des Chimborazo, zwischen Ganquis und Yaguarcocha (Ecuador); gegen 4000 m Seehöhe. Ende August.
Grisebach (Genera et Spec. Gentian. p. 214) und Weddell (Chloris Andina. II. p. 55) nennen als Heimat dieser Art einzig die hochandinen Regionen Perus. Whymper (Travels amongst the Great Andes of the Equator. p. 352) hat sie am Südhange des Chimborazo gesammelt, und Gilg (Engler: Botan. Jahrbücher. XXII. 307) führt verschiedene ecuadorianische Fundorte an und als fraglich Columbien.
Die Blütenfarbe der vorliegenden Exemplare scheint nicht blau gewesen zu sein.

250. *Gentiana sedifolia* H. B. K. — Páramo des Chimborazo, vor der Passhöhe zwischen Ganquis und Yaguarcocha (Ecuador); ca. 4000 m Seehöhe. Den 27. August.
Diese hellblaublühende *Gentiana*, welche nach Grisebach (Gen. et Spec. Gent. p. 270) in den hochandinen Regionen Columbiens, Ecuadors und Perus, nach Weddell (Chlor. And. II. p. 74) ausserdem auf den Anden Boliviens und Chiles wächst, war auf dem Páramo des Chimborazo ziemlich individuenreich vertreten. Auch Whymper (Travels amongst the Great Andes etc. p. 352) hat sie daselbst gesammelt.

251. *Halenia gracilis* Griseb. — Páramo des Chimborazo, vor der Passhöhe zwischen Ganquis und Yaguarcocha (Ecuador); ca. 4000 m Seehöhe, den 26. August.
Diese *Gentianaceen*-Art führt Grisebach (Gen. et Spec. Gent. 220) und De Candolle (Prodromus. IX. 139) aus Columbien, Ecuador und Peru, Weddell (Chlor. And. II. p. 76) ausserdem aus Bolivien, ebenfalls aus einer Höhe von 4000 m und Hemsley (Biolog centr. am. Bot. II. p. 352) überdies aus Südmexiko und Guatemala an.

Familie *Apocynaceae*.

252. *Echites microcalyx* A. D. C. *var. glabra* A. D. C. (?) — Östlich von Guadualita, Westhang der Ostcordillere (Columbien); etwa 1000 m Seehöhe. Den 5. Juli.
A. De Candolle (De Candolle: Prodromus. VIII. 456) führt die Stammform aus Caracas (Venezuela) und die Varietät von der Insel Trinidad an. Hemsley (Biolog. centr. am. Botany. II. 314) nennt als Heimat von *E. microcalyx* Süd-

mexiko, Centralamerika, Westindien und das tropische Südamerika.

Das vorliegende Exemplar ist zu schlecht erhalten, um eine vollkommen sichere Bestimmung zuzulassen.

253. *Mandevilla molissima* K. Sch. — Zwischen Guadualita und Verjel, Westhang der Ostcordillere (Columbien); 800—1500 m Seehöhe. Den 5. Juli.

Humboldt (Kunth: Nov. Gen. et Spec. Plant. III. 170) hat diese Art in Columbien entdeckt und nur da gesammelt. Auch Schumann (Engler und Prantl: Die natürlichen Pflanzenfamilien. IV, 2. p. 171) führt sie nur aus Columbien an.

Familie *Asclepiadaceae*.

254. *Asclepias curassavica* L. — Zwischen Babahoyo und Palmar (Westecuador); 50—100 m Seehöhe. Den 19. August.

Diese auf den Antillen heimische und z. B. auf Martinique sehr gemeine Art (Duss: Plantes de la Guadeloupe et de la Martinique [Annales de l'Instit. Colonial de Marseille. III. 399]) hat sich nach dem übrigen tropischen und dem subtropischen Amerika und auch nach der tropischen und subtropischen Zone der ganzen übrigen Erde verbreitet. (De Candolle: Prodromus. VIII. 566. — Fournier: Asclép. Am. [Annales des Sciences Natur. Série VI. Tome XIV. 370. 371j.)

Familie *Convolvulaceae*.

255. *Ipomoea* (= *Pharbitis*) *acuminata* R. et S. — Zwischen Guadualita und Verjel. Westhang der Ostcordillere (Columbien); 800—1500 m Seehöhe. Den 5. Juli.

Meissner (Martii Flora bras. VII. 227) nennt als Verbreitungsgebiet dieser Art die Antillen, Guatemala und Brasilien; Engler und Prantl (Die natürlichen Pflanzenfamilien IV, 3a. p. 32) nennen ausser Westindien, noch Venezuela, Guyana und Argentinien.

256. *Ipomoea* (= *Eriospermum*) *fistulosa* Mart. — Yaguachi bei Guayaquil (Ecuador); etwas über Meeresniveau. Den 3. September.

Meissner (Martii Flora bras. VII. 239) giebt als Heimat dieser *Convolvulacea* Guatemala und Brasilien an und sagt, dass sie auch ausser Brasilien weit verbreitet ist. Engler und Prantl (Die nat. Pflanzenfam. IV, 3a. p. 29) erwähnen sie aus dem tropischen Amerika und Hemsley (Biologia centr. am. Botany. II. 387) sagt, dass sie in Guatemala, Panamá und südwärts bis Brasilien und Peru vorkommt.

Diese *Ipomoea*-Art ist eine für die Tembladeras[1] charakteristische *Convolvulacea*.

---

[1] Unter Tembladeras versteht man in Ecuador Ebenen, welche das ganze Jahr hindurch überschwemmt und mit Sumpf- und Wasserpflanzen, unter denen riesige *Gramineen* und *Cyperaceen* vorherrschen, bedeckt sind. Die Bäume, welche da vorkommen, vorwiegend Weiden und Erlen, siedeln sich am häufigsten am Rande der Tembladeras an; auf letzteren sind zuweilen Inseln zerstreut. (Siehe Wolf: Ecuador. p. 120.

257. *Ipomoea* (= *Batatas*) *trifida* G. Don. — La Popa bei Cartagena (Nordcolumbien); ca. 100—150 m Seehöhe. Den 8. August.

Choisy (De Candolle: Prodr. IX. 383) und Meissner (Martii Flora bras. VII. 278) führen, nach Humboldt, diese Art aus den Orinocowäldern an, und Meissner sagt, dass sie vielleicht auch im Amazonasgebiet Brasiliens vorkommt. Hemsley (Biolog. centr. am. Bot. II. 395) nennt sie aus Nicaragua und Peru.

258. *Jacquemontia pentantha* G. Don. (= *Aniseia Vellosiana* β *laxiflora* Meissn.). — Südlich von Anapoima am Rio Bogotá, Westhang der Ostcordillere (Columbien); 200 bis 1000 m Seehöhe. Den 13. Juli.

Meissner (Martii Flora bras. VII. 322) nennt als Verbreitungsgebiet dieser *Convolvulacea* Venezuela und die Insel Antigua (Kleine Antillen).

259. *Jacquemontia polyantha* (Schlechtd.) Hallier f. — Estero Salado bei Guayaquil (Ecuador); Meeresniveau. Mitte August oder Anfang September.

Meissner (Martii Flora bras. VII. 297) nennt diese Art unter *J. violacea* Choisy var. β *canescens* Choisy aus Mexiko, Columbien, Venezuela und Westindien; Hemsley, welcher *J. polyantha* Schlechtd. nicht als var. von *violacea* Choisy, sondern als Synonym anführt, d. h. die Varietäten aus der Stammform nicht ausscheidet (Biolog. centr. am. Botan. II. 397), erwähnt als Verbreitungsgebiet der *J. violacea* Florida, Südmexiko, Centralamerika und Südamerika südwärts bis Peru und Brasilien.

Familie *Hydrophyllaceae*.

260. *Eutoca lomarifolia* Philippi in sched. — Uspallata (Westargentinien), Ostfuss der Anden. 1950 m Seehöhe. Den 18. Oktober.

Diese *Eutoca* mit hellblauen Blumenblättern ist charakteristisch für die Flora längs des die Sierra de Uspallata durchquerenden Bahnkörpers.

Das vorliegende Exemplar stimmt, nach Neger, vollkommen überein mit einer im K. Botanischen Museum zu Berlin aufbewahrten, von R. A. Philippi gesammelten und von ihm als *lomarifolia* bezeichneten, aber bisher nicht publizierten Pflanze.

(Die Beschreibung dieser Art durch Dr. Neger siehe am Schlusse des Aufsatzes.)

261. *Microgenetes Cumingii* DC. (= *Eutoca Cumingii* Benth). — Uspallata (Westargentinien), Ostfuss der Anden; 1950 m Seehöhe. Den 18. Oktober.

Diese Art wird von Gay (Historia fisica y politica de Chile. Botanica. IV. p. 451) und von De Candolle (Prodromus. IX, p. 293) aus Chile angeführt.

Familie *Boraginaceae* (= *Asperifoliaceae*).
- 262. *Cordia* (= *Varronia*) *rotundifolia* R. et P. — Estero Salado bei Guayaquil (Ecuador); Meeresniveau. Mitte August oder Anfang September.
    Ruiz et Pavon (Flora Peruviana. II. 24) und Kunth (Nov. Gen. et Spec. Plant. III. 54) nennen als Heimat dieser Pflanze die niederen Gegenden Westperus. Hemsley (Biolog. centr. am. Bot. II. 369) erwähnt sie aus Centralamerika, von Columbien südwärts bis Peru und von den Galápagosinseln.
- 263. *Heliotropium indicum* L. — Umgegend von Baranquilla (Nordcolumbien); etwas über Meeresniveau. Den 17. Juni. – Unterer Rio Magdalena (Nordcolumbien); etwa 10—20 m Seehöhe. Den 19. Juni.
    Diese über das tropische und subtropische Amerika, das tropische Asien und Afrika verbreitete *Boraginacea* (De Candolle: Prodromus. IX. 556. 557) ist eines der häufigsten tropischen Unkräuter (Engler und Prantl: Die natürl. Pflanzenfamilien. IV, 3 a. p. 96).
- 264. *Heliotropium oppositifolium* R. et P. — Quindiupass, Centralcordillere (Columbien); 2700—3400 m Seehöhe. Den 19. Juli.
    De Candolle (Prodromus. IX. 540) giebt als Heimat des *H. oppositifolium* Peru an.
- 265. *Heliotropium stenophyllum* Hook. et Arn. — Coquimbo, nordchilenische Küste; ca. 30° s. Br. Etwa 20—40 m Seehöhe. Den 13. Oktober.
    Diese *Heliotropium*-Art ist von Coquimbo südwärts bis Santiago verbreitet (De Candolle, Prodromus. IX. 552. — Gay: Historia fisica y politica de Chile. Botanica. IV. 457).
    Mein Exemplar wurde von Solereder nach der Diagnose in De Candolle und Gay bestimmt.
- 266. *Heliotropium* spec. — Zwischen Playas und Balsabamba, Westhang der Westcordillere (Ecuador); 40—600 m Seehöhe. Den 20. August.
    Diese Pflanze ist in den Blättern dem in Peru und Ecuador heimischen, wohlbekannten *Heliotropium perucianum* R. et P. ähnlich.
- 267. *Heliotropium* spec. — Zwischen Las Palmas und der Passhöhe gegen Guaranda, Westhang der Westcordillere (Ecuador); 2300—3000 m Seehöhe. Den 22. August.
- 268. *Pectocarya chilensis* D. C — Coquimbo, nordchilenische Küste; ca. 30° s. Br. Etwa 20—50 m Seehöhe. Den 13. Oktober.
    Diese *Boraginacea* ist von Nord- bis Südchile verbreitet (Gay: Historia fisica y politica de Chile. Botanica IV. 481).
- 269. *Eritrichium clandestinum* A. DC. *var. angustifolium* Clos. — Coquimbo, nordchilenische Küste; unter ca. 30° s. Br. Etwa 20—50 m Seehöhe. Den 13. Oktober.

4*

E. *clandestinum* ist, nach Neger, in Chile weit verbreitet und sehr variierend. Gay (Historia fisica y politica de Chile. Botanica. IV. 463) führt die *var. angustifolium* aus Mittelchile an.

270. *Eritrichium fallax* Philippi. — Coquimbo, nordchilenische Küste; unter ca. 30⁰ s. Br. Etwa 20—50 m Seehöhe. Den 13. Oktober.

„Diese Art gehört in die merkwürdige Sektion „*Eritrichia amphicarpa*", welche dadurch ausgezeichnet sind, dass sie ausser den normalen Früchten noch solche in den Achseln der untersten Blätter bilden."

„Die Pflanze ist von Philippi bei Serena (Provinz Coquimbo) gesammelt und beschrieben worden (Ann. d. l. U. de Ch. tom. 90 p. 518). (Neger.)"

Coquimbo ist der Hafen von La Serena, woselbst Philippi das einzige Exemplar, welches er überhaupt gesammelt, gefunden hat. (R. A. Philippi: Plantas nuevas chilenas. IV. 518.)

Familie *Verbenaceae*.

271. *Lantana camara* L. — Puerto Berrio, am mittleren Rio Magdalena (Columbien); über 100 m Seehöhe. Den 1. oder 29. Juli. — Buenavista am mittleren Rio Magdalena (Columbien); ca. 150 m Seehöhe. Den 3. oder 29. Juli.

Diese nach Schauer (Martii Flora brasiliensis. IX. 256) in Brasilien und nach Duss (Plantes de la Guadeloupe et de la Martinique [Annales de l'Inst. Colon. de Marseille. 464]) auf den französischen Antillen häufig vorkommende Pflanze, wird von Schauer (De Candolle: Prodromus. XI. 598 und Martii Flor. bras. IX. 256) ausserdem auch von anderen Antillen, aus Guyana, Venezuela, von Hemsley (Biologia central. am. Botany. II. 527) aus dem südlichen Nord- und aus Centralamerika genannt, und ist nach Hemsley (l. c. 527) im tropischen Südamerika und Westindien allgemein verbreitet.

An meinem Exemplar aus Puerto Berrio sind, nach Neger, einzelne Blätter durch gallenähnliche Bildungen (*Erineum*) verunstaltet, welche höchst wahrscheinlich durch Phytopus-Milben verursacht worden sind.

272. *Lantana canescens* Kth. — Zwischen Verjel und Villeta, Westhang der Ostcordillere (Columbien), 800—1900 m Seehöhe. Den 5. Juli.

Nach Schauer (Martii Flora bras. IX. p. 266) ist das Verbreitungsgebiet dieser Pflanze Columbien, Venezuela, Brasilien, Mexiko und Cuba, nach Hemsley (Biol. centr. am. Botany. II. 527) ausserdem Guyana.

273. *Lantana hirsuta* Mart. et Gal. — Zwischen La Dorada und Honda am mittleren Rio Magdalena (Columbien); ca. 200 m Seehöhe. Den 4. Juli.

Diese *Lantana* mit rotgelben Blumenblättern hat nach Hemsley (Biol. centr. am. Botany. II. 527) ihre Fundorte in

Südmexiko und Nicaragua, nach De Candolle (Prodr. XI 599) auch in Venezuela.

274. *Lantana lilacina* Desf. (?) — Zwischen Guadualita und Verjel, Westhang der Ostcordillere (Columbien); 800—1500 m Seehöhe. Den 5. Juli.

Das vorliegende Exemplar scheint, nach Zahlbruckner, zur äusserst variablen *Lantana lilacina* Desf. zu gehören.

Letztgenannte Art nennt Schauer (De Candolle: Prodr. XI. p. 604 und Martii Flora bras. IX. p. 262) aus Venezuela, Mittel- und Südbrasilien.

275. *Lantana rugulosa* H. B. K. — Zwischen El Moral und Machin und zwischen Mediacion und Las Cruzes, Quindiupass in der Centralcordillere (Columbien); 2000—2600 m Seehöhe. Den 18. Juli.

Nach Kunth (Nov. Gen. et Spec. Plant. II. 211) hat die *Lantana rugulosa* ihre Heimat im interandinen Gebiet Ecuadors, nach Schauer (De Candolle: Prodr. XI. p. 602) auch in den columbischen Anden.

276. *Lantana trifolia* L. (?) — La Dorada am mittleren Rio Magdalena (Columbien); gegen 200 m Seehöhe. Anfang oder Ende Juli.

Schauer (Martii Flora bras. IX. p. 265) nennt als Verbreitungsgebiet der *Lantana trifolia* Brasilien, Guyana, Venezuela, Peru und Westindien, Hemsley (Biol. centr. am. Botany. II. p. 528) ausserdem Centralamerika und das tropische Südamerika im allgemeinen.

277. *Bouchea Ehrenbergii* Cham. — La Popa bei Cartagena (Nordcolumbien); etwa 100—150 m Seehöhe. Den 8. August.

Schauer (De Candolle: Prodromus. XI. p. 558) führt als Verbreitungsgebiet dieser *Verbenacea* Mexiko, Columbien, Venezuela und die Antillen an, Hemsley (Biol. centr. am. Botany. II. p. 531) ausserdem das südliche Nordamerika und Guatemala.

278. *Stachytarpheta cayennensis* Vahl. — Zwischen Guadualita und Verjel, Westhang der Ostcordillere (Columbien); 800 —1500 m Seehöhe. Den 5. Juli. — Zwischen Babahoyo und Palmar, am Fuss der Westcordillere (Ecuador): 5—30 m Seehöhe. Den 19. August.

Schauer (Martii Flora bras. IX. 201) nennt diese Art aus Mexiko, Venezuela, Guyana und Brasilien, Hemsley (Biolog. centr. am. Botany. II. 532) ausserdem aus Costarica und Westindien und sagt, dass sie südwärts bis Brasilien vorkommt.

279. *Stachytarpheta mutabilis* Vahl. — Oberhalb Ibagué, am Osthang der Centralcordillere (Columbien), Departement Tolima; ca. 1500 m Seehöhe. Zweite Hälfte Juli.

Schauer (De Candolle: Prodromus. XI. 565) führt *St. mutabilis* aus Venezuela, Guyana und den Antillen, Hemsley (Biol. centr. am. Bot. II. 532) ausserdem aus Mexiko an; letzterer sagt, dass sie auch im tropischen Afrika und Asien weitverbreitet ist.

280. *Stachytarpheta* spec. — Morne-Rouge, oberhalb St. Pierre auf Martinique (Kleine Antillen); ca. 400 m Seehöhe. Anfang Juni.

Mein Exemplar ist unbestimmbar, da die Blätter fehlen.

281. *Verbena calcicola* Walp. — Zwischen Tambo und Posco an der Arequipabahn, Westhang der Westcordillere (Südperu); zwischen 300 und 550 m Seehöhe. Den 27. September. Die Hänge bedeckend.

„Die vorliegende Pflanze ist höchst wahrscheinlich die von Walpers (Rep. IV. p. 15, 16) als *V. calcicola* beschriebene Art (Fundort der Walperschen Pflanze: Peru, Pampa grande de Arequipa)."

„Die Beschreibung stimmt gut auf die vorliegende Pflanze (abgesehen von einigen wechselständigen Blättern; die Blätter der vorliegenden Pflanze sind z. T. gegenständig, z. T. wechselständig). Diese *V. calcicola* Walp. wird im Index Kewensis mit *V. clavata* vereinigt, was, falls die vorliegende Pflanze mit *V. calcicola* Walp. identisch, unrichtig ist."

„Die Antheren der vorliegenden Pflanze zeigen nämlich nicht eine Spur des die Sektion *Glandularia* (zu welcher *V. clavata* gehört) charakterisierenden keulenförmigen Anhängsels.

„Demnach muss wohl die *V. calcicola* aufrecht erhalten werden. (Neger)."

282. *Verbena tenera* Sprengl. — La Cautiva, östlich von Washington, Argentinische Pampa; ca. 34° s. Br. und 450 m Seehöhe. Den 19. Oktober.

Nach Schauer (De Candolle: Prodromus. XI. 552. — Martii: Flora bras. IX. 194) wächst diese Pflanze in Südbrasilien und in den La-Plata-Staaten, nach Walpers (Repertorium botanices syst. IV. 13) auch in Chile.

283. *Duranta Mulisii* L. f. — Teqendama bei Bogotá (Columbien); 2200—2500 m Seehöhe. Den 11. Juli. — Zwischen Boca del Monte und Tambo, waldiger Westhang der Ostcordillere (Columbien); 2000—2600 m Seehöhe. Den 12. Juli.

Schauer (De Candolle: Prodromus. XI. 616) giebt als Heimat dieser Art die höheren Regionen Columbiens und Venezuelas an.

Der auf dieser Pflanze lebende Pilz ist *Phyllachora Durantae* Rehm.

284. *Duranta triacantha* Juss. — Tequendama bei Bogotá (Columbien); 2200—2500 m Seehöhe. Den 11. Juli.

Schauer (De Candolle: Prodromus. XI. 616) nennt als Heimat dieser *Duranta*-Spezies Ecuador und Peru.

Auch auf dieser *Duranta* wächst *Phyllachora Durantae* Rehm.

„Die Spinae können bei dieser Art nicht als ein vollkommen zuverlässiges Merkmal betrachtet werden. Beim vorliegenden Exemplar sind dieselben nur andeutungsweise zu erkennen. (Neger)."

Familie *Labiatae*.

285. *Hyptis glomerata* Mart. ap. Schrank. — Zwischen El Moral und Machin, Osthang der Centralcordillere (Columbien); 2000—2400 m Seehöhe. Den 18. Juli.

Bentham (De Candolle: Prodromus. XII, 119), Schmidt (Martii Flora bras. VIII, 1. p. 134) und Briquet (Engler und Prantl: Die natürl. Pflanzenfamilien. IV, 3a. p. 339) erwähnen nur brasilianische Fundorte dieser Art.

286. *Hyptis urticoides* H. B. K. — Zwischen El Moral und Machin, Centralcordillere (Columbien); 2000—2400 m Seehöhe. Den 18. Juli.

Humboldt (Kunth: Nov. Gen. et Spec. Plant. II. 258) hat diese Art in Mexiko gefunden; Hemsley (Biolog. centr. am. Bot. II. 545) erwähnt sie aus Südmexiko und Guatemala.

Das vorliegende Exemplar ist, nach Neger, ein *specimen depauperatum*, welches sich von typischen Exemplaren dadurch unterscheidet, dass die achselständigen Rispen armblütig sind.

287. *Salvia orophila* Briquet nov. spec. — Zwischen Mediacion und Las Cruzes, Quindiupass, Osthang der Centralcordillere (Columbien); 2000—2700 m Seehöhe. Den 17. und 18. Juli. Sehr häufig auf dieser Strecke.

(Die Beschreibung dieser neuen Art durch Briquet folgt am Schlusse. Abbildung Tafel III, Fig. 1, 2, 3.)

288. *Salvia palaefolia* H. B. K. — Toche-alto am Quindiupass, Osthang der Centralcordillere (Columbien); etwa 2500 m Seehöhe. Den 18. oder 20. Juli.

Kunth (Nov. Gen. et Spec. Plant. II. p. 244) giebt die Anden Südcolumbiens als Fundort dieser Art an, auch Briquet (Engler und Prantl: Die natürl. Pflanzenfam. IV, 3a. S. 278) nennt nur die columbianischen Anden als Heimat dieser *Salvia*.

289. *Salvia pauciserrata* Benth. (?). — Zwischen Villeta und Facatativá, Westhang der Ostcordillere (Columbien); ca. 1000 bis 2200 m Seehöhe. Den 6. Juli.

Diese *Salvia* mit scharlachroter Blumenkrone konnte, nach Briquet, wegen Mangel an entwickelten Blüten nicht sicher bestimmt werden, steht aber jedenfalls der *pauciserrata* nahe.

Bentham (De Candolle: Prodr. XII. 338) und Briquet (Engler und Prantl: Die natür. Pflanzenfam. IV, 3a. p. 283) führen Columbien als Heimat von *S. pauciserrata* an.

290. *Salvia rufula* Kth. — Quindiupass, Centralcordillere (Columbien); 2700—3400 m Seehöhe. Den 19. Juli.

Diese Art hat Humboldt (Kunth: Nov. Gen. et Spec. Plant. II, p. 235) ungefähr am nämlichen Fundort gesammelt wie ich; Briquet (Engler und Prantl: l. c. IV, 3a. p. 283) führt, gleich Humboldt, keine andere Heimat an als die höheren Andenregionen Columbiens.

291. *Salcia scutellaroides* H. B. K. — Zwischen Verjel und Villeta, Westhang der Ostcordillere (Columbien); 800—1000 m Seehöhe. Den 5. Juli. — Quindiupass, Centralcordillere (Columbien); 2700—3400 m Seehöhe. Den 19. Juli.

Bentham (De Candolle: Prod. XII. 348) führt diese *Salvia* aus den andinen Gebieten Columbiens und Ecuadors an, Engler und Prantl (Die nat. Pflanzenfamilien. IV, 3a. p. 284) nennen ausserdem Peru.

292. *Salvia Theresae* Briquet nov. spec. — Zwischen Pucará und San Antonio, waldiger Westhang der Westcordillere, auf dem nördlichen Wege von Babahoyo nach Guaranda (Ecuador); 1600—3000 m Seehöhe. Den 28. August.

(Beschreibung dieser neuen Art durch Briquet am Schlusse dieses Aufsatzes. Abbildung Tafel II, Fig. 4, 5.)

293. *Salvia* spec. — Östlich von Mediacion am Quindiupass, Osthang der Centralcordillere (Columbien); 2000—2500 m Seehöhe. Den 17. Juli.

294. *Scutellaria purpurascens* Sw. — Zwischen Guadualita und Verjel, Westhang der Ostcordillere (Columbien); 800—1500 m Seehöhe. Den 5. Juli.

Diese *Labiate* ist nach Swartz (Prodromus Pl. Ind. occ. p. 89), Schmidt (Martii Flora bras. VIII, 1. p. 202), Bentham (De Cand. Prodrom. XII. 416) Duss (Plantes de la Guad. et de la Mart. [Annales de l'Inst. Colon. de Marseille III. p. 460]) und Hemsley (Biolog. centr. am. Botany. II. 569) in Südmexiko, Centralamerika, Venezuela, Brasilien, auf den Antillen und auf Trinidad verbreitet.

295. *Prunella aequinoctialis* H. B. K. — Tequendama bei Bogotá (Columbien); 2200—2500 m Seehöhe. Den 11. Juli.

Humboldt (Kunth: Nov. Gen. et Spec. Plant. II 260) hat diese Pflanze, gleich mir, am Westhang der Ostcordillere gesammelt.

Die von Kunth (l. c. II. 260) beschriebene *P. aequinoctialis* ist, nach Bentham (De Candolle: Prodr. XII. p. 411) var. β der *Prunella vulgaris* L., welche Varietät (l. c. p. 410) in Europa und Asien gemein ist, im tropischen Amerika und in Australien vorkommt und auch in Nordamerika, aber daselbst selten, gefunden wird.

296. *Marrubium vulgare* L. (= *M. hamatum* H. B. K.). — Tequendama bei Bogotá (Columbien); 2200—2400 m Seehöhe. Den 11. Juli. — Coquimbo, nordchilenische Küste unter ca. 30° s. Br.; etwa 20—50 m Seehöhe. Den 13. Oktober.

Dieses, ausser in Europa, auch in Westasien, Nordafrika und Amerika verbreitete Unkraut (De Candolle: Prodrom. XII. 453), welches in Südamerika sehr häufig vorkommt, wurde von Humboldt (Kunth: Nov. Gen. et Spec. Plant. II. p. 250) und Anderen (Hemsley: Biolog. centr. am.

Botan. II. 571) in Mexiko und von St. Hilaire (Martii Flora bras. VIII, 1. p. 199) in Südbrasilien gesammelt.

Das von mir in Coquimbo gesammelte Exemplar zeichnet sich durch auffallend starke, wollige Behaarung aus, was jedenfalls auf das überaus trockene Klima dieser Region zurückzuführen ist.

297. *Stachys grandidentata* Lindl. *var.* — Taltal, nordchilenische Küste: unter ca. 25° 30′ s. Br. Den 11. Oktober.

Engler und Prantl (Die natürl. Pflanzenfamilien. IV, 3a. p. 264) geben als Fundorte der *St. grandidentata* die Insel Fernando Po[1]) und die chilenischen Anden an. De Candolle (Prodrom. XII. 473) nennt ausschliesslich Chile als Heimat und Gay (Historia fisica y politica de Chile. Botanica. IV. p. 503) sagt, dass *St. grandidentata* in verschiedenen Varietäten über Chile weitverbreitet ist.

Familie *Nolanaceae*.

298. *Nolana prostrata* L. — Monte Cristobal bei Lima (Peru); ca. 170—300 m Seehöhe. Den 20. September.

Diese von Dunal (De Candolle: Prodromus. XIII, 1. p. 10) aus Peru, von Gay (Historia fisica y politica de Chile. Botanica. V. p. 102) aus Nordchile beschriebene Art, gehört einer Familie an, welche nach Engler und Prantl (Die natürl. Pflanzenfamilien. IV, 3b. p. 2—4) 50 Arten hat und auf Peru, Chile und Bolivien beschränkt ist.

Es sind meistens Meerstrandgewächse.

Familie *Solanaceae*.

299. *Lycopersicum Humboldtii* Duss. — Tequendama bei Bogotá (Columbien) 2200—2500 m Seehöhe. Den 11. Juli.

Die Fundorte dieser *Solanacea* giebt Kunth (Nov. Gen. et Spec. Plant. III. p. 14) aus Venezuela, Dunal (De Candolle: Prodromus. XIII, 1. p. 25) aus Mexiko, Brasilien, St. Helena und den Sandwichinseln an.

300. *Solanum caripense* K. B. K. — Tequendama bei Bogotá (Columbien); 2200—2500 m Seehöhe. Den 11. Juli.

Kunth (Nov. Genera et Spec. Plant. III. p. 17) nennt als Heimath dieser Pflanze Venezuela, und auch De Candolle (Prodromus. XIII, 1. p. 41) erwähnt keine andere.

Die Blumenblätter meines Exemplares scheinen rötlich gewesen zu sein.

301. *Solanum lycioides* L. — Tequendama bei Bogotá (Columbien); 2200—2500 m Seehöhe. Den 11. Juli.

Diese *Solanum*art ist bisher nur aus Peru bekannt gewesen. (De Candolle: Prodromus. XIII, 1. p. 161.)

302. *Solanum maritimum* Meyen. — Coquimbo, nordchilenische Küste; unter ca. 30° s. Br. Etwas über Meeresniveau. Den 13. Oktober.

Nach Gay (Historia fisica y politica de Chile. Botanica. V. p. 73) erstreckt sich das Verbreitungsgebiet dieser Art an der chilenischen Küste von Copiapó bis Valparaíso.

---

[1]) Ob bei dieser Fundortsangabe nicht ein Irrtum unterläuft?

303. *Solanum pinnatifidum* R. et P. — Monte Cristobal bei Lima (Peru); etwa 170—300 m Seehöhe. Den 20. September.
Dunal (De Candolle: Prodromus. XIII, 1. p. 65) führt dieses *Solanum* nur aus Peru an.

304. *Solanum quindiuense* A. Zahlbr. nov. spec. — Quindiupass, Centralcordillere (Columbien); 2700—3400 m Seehöhe. Den 19. Juli.
(Beschreibung dieser neuen Art durch Dr. Zahlbruckner am Schlusse dieses Aufsatzes. Abbildung Tafel IV, Fig. 1, 2.)

305. *Solanum Theresiae* A. Zahlbr. nov. spec. — Thal von La Paz (Bolivien), häufig; 3700—3800 m Seehöhe. Erste Tage Oktober.
Im lebenden Zustande ist die Farbe der Corolla dieses *Solanums* ein bläuliches Lila.
(Beschreibung dieser neuen Art durch Dr. Zahlbruckner am Schlusse dieses Aufsatzes. Abbildung Tafel V, Fig. 1, 2.)

306. *Solanum* spec. — Soacha bei Bogotá (Columbien); ca. 3400 m Seehöhe. Mitte Juli.
Diese Pflanze gehört in die Sect. *Pachystemonum* Subsect. *Lycianthes*.
Eine genauere Bestimmung derselben ist in Anbetracht ihres unvollkommenen Zustandes nicht möglich.

307. *Jochroma lanceolata* Miers. — Quindiupass (Mediacion?), Osthang der Centralcordillere (Columbien); ca. 2000 m Seehöhe. Zweite Hälfte Juli.
Diese *Solanacea* ist nach Weddell (Chloris Andina. II. 99) von Goudot gleichfalls im Quindiugebirge gesammelt worden. Ausser in Columbien wurde sie auch in Ecuador gefunden. (De Candolle: Prodromus. XIII, 1. p. 489).

308. *Dunalia solanacea* H. B. K. — Quindiupass, Centralcordillere (Columbien); 2700—3400 m Seehöhe. Den 19. Juli.
Diese schöne Pflanze ist auf Columbien beschränkt (Engler und Prantl: Die natürl. Pflanzenfamilien. IV, 3 b. S. 14.)

309. *Lycium chilense* Miers. — Sierra de Uspallata (Westargentinien); ca. 2000 m Seehöhe. Den 18. Oktober.
Diese Art geben sowohl Dunal (De Candolle: Prodrom. XIII, 1. p. 514) wie Gay (Historia fis. y polit. de Chile. V. p. 92) und Engler und Prantl (Die natürl. Pflanzenfamilien. IV, 3 b. S. 14) nur aus Chile an.

310. *Datura* spec. — Zwischen Verjel und Villeta, Westhang der Ostcordillere (Columbien); 900—1900 m Seehöhe. Den 5. Juli.
Dieses Exemplar ist durch Schimmel ganz zerstört.

311. *Browallia demissa* L. — Zwischen Playas und Balsabamba, waldiger Westhang der Westcordillere (Ecuador); ca. 100—650 m Seehöhe. Den 20. August.
Bentham (De Candolle: Prodrom. X. 197) u. Hemsley (Biolog. centr. am. Botany. II. 438) nennen Centralamerika, Westindien, Columbien, Guyana und Brasilien als Verbreitungsgebiet dieser Pflanze. Schmidt (Martii Flora bras. VIII, 1. p. 255) erwähnt nur die brasilianischen Fundorte.

Familie *Scrophulariaceae*.

312. *Calceolaria ericoides* Vahl. — Páramo des Chimborazo (Ecuador): an 4000 m Seehöhe. Ende August.

Vahl (Enumeratio Plantarum. I. 190) nennt als Heimat dieser *Calceolaria* Peru(?), Weddell (Chloris Andina II 140) die hochandinen Regionen Ecuadors, speziell der Umgegend Quitos.

313. *Calceolaria glutinosa* Heer et Regel. — Zwischen Mediacion und Las Cruzes am Quindiupass, Osthang der Centralcordillere (Columbien); 2000—2700 m Seehöhe. Den 17. oder 18. Juli.

Schlechtendahl (Linnaea. XIV. p. 197) und Hemsley (Biolog. central. am. Botany II 439), nach Schlechtendahl, führen diese Art aus Guatemala an, auch ist sie schon in Mexiko beobachtet worden, wie es scheint aber noch nicht in Columbien.

Die Blüte ist gelb.

314. *Calceolaria perfoliata* L. f. (?) — Quindiupass, Osthang der Centralcordillere (Columbien); 2700—3400 m Seehöhe. Den 19. Juli.

Bentham (De Candolle: Prodromus. X. 211) führt diese Art aus Columbien an.

Neger vermutet, dass zu dieser Art *C. Pavonii* Benth. aus Peru (D. C. l. c. XII. 211) und einige andere Arten zu ziehen sein werden.

315. *Calceolaria tenuis* Benth(?) — Zwischen Pocho de S. Lucia und Las Palmas, Westhang der Westcordillere (Ecuador); 1500—2300 m Seehöhe. Den 21. August.

C. tenuis ist von Bentham (De Candolle: Prodrom. X. 205) aus Peru angeführt.

Das vorliegende Exemplar stimmt, nach Neger, recht gut auf die Beschreibung von *C. tenuis* in DC. Prodr. Im Münchener Herbar existiert kein Exemplar dieser Art, ebensowenig in der Litteratur eine Abbildung derselben.

316. *Calceolaria* spec., und zwar entweder *C. nudicaulis* Benth. oder *C. corymbosa* R. et P. — Ornillo am Westhang des Uspallatapasses (Chile); ca. 1300 m Seehöhe. Den 15. Oktober.

Bentham (De Candolle: Prodromus. X. 208. 210) und Gay (Historia fisica y politica de Chile. Botanica. V. 179. 181) erwähnen *C. nudicaulis* aus den chilenischen Anden, *C. corymbosa* aus Chile, von Coquimbo südlich bis Valdivia.

Da an meinem Exemplare die grundständigen Blätter fehlen, ist es, nach Neger, nicht möglich zu einem abschliessenden Urteil über die Spezies, zu der es gehört, zu gelangen.

317. *Calceolaria* spec. (*C. crenata* Lam. aff.). — Zwischen Pocho de Santa Lucia und Las Palmas, Westhang der Westcordillere (Ecuador); 1500—2300 m Seehöhe. Den 21. August.

C. crenata wird von Bentham (De Candolle: Prodr. X. 221) aus der Nähe von Quito (Ecuador) verzeichnet.

Da an meinem dunkelgelb blühenden Exemplare die unteren Blätter fehlen, ist eine sichere Bestimmung ausgeschlossen.

318. *Calceolaria* spec. — Tequendama bei Bogotá (Columbien); 2200—2500 m Seehöhe. Den 11. Juli.

Eine genauere Bestimmung meines Exemplares ist, nach Neger, in Ermangelung der grundständigen Blätter, absolut unmöglich.

319. *Alonsoa caulialata* R. et P. — Monserrate bei Bogotá (Columbien); 2700—3100 m Seehöhe. Den 8. Juli. — Tequendama bei Bogotá (Columbien); 2200—2500 m Seehöhe. Den 11. Juli. — Ritt von Babahoyo zum Chimborazo (Ecuador), vielleicht westlich von Chapacoto, im interandinen Gebiet; 2700—3000 m Seehöhe. Zweite Hälfte August.

(Trotz des etwas abweichenden Aussehens dürfte das Exemplar von Ecuador auch zu *A. caulialata* B. et P. zu zählen sein.)

Bentham (De Candolle: Prodromus. X. p. 250) führt als Verbreitungsgebiet dieser Art Mexiko, Columbien und Venezuela an, Weddell (Chloris Andina. II. p. 133) ausserdem Ecuador und Hemsley (Biol. centr. am. Botany. II. p. 440) Peru.

320. *Alonsoa incisaefolia* R. et P. — Coquimbo, nordchilenische Küste; unter ca. 30° s. Br. Etwa 20—40 m Seehöhe. Den 13. Oktober.

Bentham (De Candolle: Prodr. X. p. 250) und Gay (Historia fisica y politica de Chile. Botanica. V. p. 117) nennen nur Chile als Heimat dieser *Alonsoa*-Art; der Kew Index führt sie aus Peru an und Schmidt (Martii Flora bras. VIII, 1. p. 248) aus Ostbrasilien, häl tsie aber daselbst für wahrscheinlich kultiviert.

Neger vermutet, dass *A. incisaefolia* nicht verschieden ist von *A. caulialata*.

321. *Digitalis purpurea* L. — Zwischen Villeta und Facatativá, Westhang der Ostcordillere (Columbien); ca. 1600—2700 m Seehöhe. Den 6. Juli. — Monserrate bei Bogotá (Columbien); 2700—3000 m Seehöhe. Den 8. Juli.

Diese aus Westeuropa stammende Pflanze ist, nach Neger, in Südamerika weit verbreitet und findet sich verwildert sogar in den entlegensten Gegenden der Urwaldregion Südchiles.

322. *Alectra?* spec. — Zwischen Pocho de S. Lucia und La Palmas, Westhang der Westcordillere (Ecuador); 1500 bis 2300 m Seehöhe. Den 21. August.

„Analyse der Blüten unmöglich, weil dieselben total verschimmelt sind."

„Die sehr charakteristischen Samen mit netzförmiger Testa, in welcher der Same selbst suspendiert erscheint,

lassen darauf schliessen, dass die Pflanze eine *Alectra* ist oder wenigstens dieser Gattung nahe steht. Eine genauere Bestimmung ist angesichts der fehlenden Blätter unmöglich.
(Neger.)"

323. *Castilleja fissifolia* L. f. car. α — Quindiupass, Osthang der Centralcordillere (Columbien); 2700—3000 m Seehöhe. Den 19. Juli.

Diese Varietät α ist, nach Weddell (Chloris Andina. II. 119), in Venezuela, Columbien, Ecuador und Peru verbreitet.

var. β *divaricata* Benth. — Zwischen Villeta und Facatativá, Westhang der Ostcordillere (Columbien); ca. 2000 – 2700 m Seehöhe. Den 6. Juli. — Quindiupass, Osthang der Centralcordillere (Columbien); 2700—3000 m Seehöhe. Den 14. Juli.

Varietät β hat nach Weddell (l. c. II. 119) ihre Fundorte nur in Venezuela und Columbien.

var. ?. — Zwischen Pucará und Guaranda, interandines Gebiet; (Ecuador). Ca. 3000 m Seehöhe. Den 29. August.

Weddell (Chloris Andina. II. 118, 119) zieht verschiedene von Bentham (De Candolle: Prodromus. X. 533 534) aufgestellte Arten so z. B. divaricata, als var. zu *fissifolia* L. f.

324. *Castilleja stricta* Benth. aff. — Monserrate bei Bogotá. (Columbien); 2700—3100 m Seehöhe. Den 8. Juli.

Weddell (Chloris Andina. II. 418) betrachtet *C. stricta* Benth. als Synonym mit der Stammform von *C. fissifolia*, L. f. u. führt sie (l. c. 419) als solche aus Venezuela, Columbien, Ecuador und Peru an, indessen Bentham (De Candolle: Prodr. X. 534) seine *C. stricta* nur vom Fuss des Chimborazo erwähnt.

Neger sagt, dass ihm bei der grossen Anzahl von ineinander übergehenden Formen der *Castilleja*-Arten eine ganz sichere Bestimmung der vorliegenden Pflanzen nicht möglich gewesen ist.

325. *Castilleja tenuiflora* Benth. (?). — Tequendama bei Bogotá (Columbien); ca. 2200—2500 m Seehöhe. Den 11. Juli.

Bentham (De Candolle: Prodr. X. 533) nennt als Verbreitungsgebiet der *C. tenuiflora* Mexiko und Guatemala, Hemsley (Biolog. centr. am. Bot. II. 463) nur Südmexiko.

Soweit bei der Dürftigkeit des Materiales geurteilt werden kann, ist, nach Neger, die vorliegende Pflanze identisch mit dem Original der *C. tenuiflora* Benth. (Pl. Hartwegianae) in Berlin.

326. *Castilleja* spec. (*tenuiflora* Benth?). — Tequendama bei Bogotá (Columbien); 2200—2500 m Seehöhe. Den 11. Juli.

„Neben einzellreihigen, einfachen Deckhaaren die typischen Euphrasiadrüsenhaare. (Solereder.)"

327. *Castilleja* spec. — Tequendama bei Bogotá (Columbien); 2200—2500 m Seehöhe. Den 11. Juli.

„Langgestielte Drüsenhaare mit scheibenförmigem, durch wenige Vertikalwände geteiltem Köpfchen: ausserdem charakteristische Euphrasiendrüsen:
„Die Zweigstructur trifft auf eine *Scrophularinee* zu.
(Solereder.)"

328. *Lamourouzia virgata.* H. B. K. — Zwischen S. José de Chimbo und Guaranda, interandines Gebiet (Ecuador); 2500—2600 m Seehöhe. Den 23. August.
Diese Pflanze führt Bentham (De Candolle: Prodr. X. 541) nur aus der Umgegend Quitos (Ecuador) an.
Meinem Exemplare fehlen die Blätter.

Familie *Bignoniaceae*[1]).

329. *Arrabidaea candicans* DC. — Barrancas am Rio Lebrija, Nebenfluss des Rio Magdalena (Columbien); 50—70 m Seehöhe. Den 22. Juni.
Bureau und Schumann (Martii Flora brasiliensis. VIII, 2. p. 59) erwähnen, dass diese Art in den Wäldern am Rio Magdalena, im brasilianischen Amazonasgebiet, in Guyana und Bolivien verbreitet ist.
Die Corollenfarbe des von mir gesammelten Exemplares ist rotlila.

330. *Paragonia pyramidata* Bureau. — Südwestlich von Anapoima, am Westhang der Ostcordillere (Columbien); Departement Cundinamarca. 200—1000 m Seehöhe. Den 13. Juli.
Diese in Brasilien, Guyana und Venezuela vorkommende Art (Martii Flora bras. VIII, 2. p. 183), ist von Moritz Wagner (Herb. Monac.) in Panama beobachtet worden.

331. *Macrantisiphon longiflorus.* K. Sch. (= *Bignonia guayaquilensis* DC.). = Estero Salado bei Guayaquil (Westecuador), Meeresniveau. Mitte August oder Anfang September.
Bureau und Schumann (Martii Flora bras. VIII, 2. p. 189) nennen Fundorte dieser grellrot blühenden Liane aus Peru und Ecuador, aus letzterem Land, nach Humboldt und Ruiz, speziell Guayaquil. Auch Gaudichaud (De Candolle: Prodromus. IX. p. 155) hat sie bei Guayaquil gesammelt.

332. *Cydista aequinoctialis* Miers. — Zwischen Calamar und Cartagena (Nordcolumbien), Departement Bolivar. Mit lichtem Wald bestandene Gegend; wenig über Meeresniveau. Den 4. August.
Nach Bureau und Schumann (Martii Flor. bras. VIII, 2. p. 247) und nach Hemsley (Biologia central. amer. Botany. II. 490) ist das Verbreitungsgebiet dieser Bignoniacea Nordbrasilien, Guyana, Venezuela, Columbien, Centralamerika und die Antillen.

---

[1]) Die Reihenfolge der *Bignoniaceen*gattungen ist, entgegen derjenigen der Gattungen der anderen Familien, nach Engler und Prantl (Die natürlichen Pflanzenfamilien. IV, 3b. 213 und ff.) zusammengestellt, da Durand (Index Generum Phanerogam.) nicht alle hier vorkommenden Gattungen anführt.

333. *Phryganocydia corymbosa* Vent. — Caño de Torcoroma am Rio Lebrija, Nebenfluss des Rio Magdalena (Columbien): 50—70 m Seehöhe. Den 25. Juni.

Diese einzige Art ihrer Gattung ist über Columbien, Venezuela, die Insel Trinidad, Brasilien und Argentinien verbreitet. (Martii Flora bras. VIII, 2. p. 250. — Hemsley: Biolog. centr. am. Botany. II. 492).

Diese Liane mit rotlila Corollen sahen wir auf hochüberschwemmtem Terrain inmitten des Wassers blühen.

334. *Stenolobium molle* Seem. (an *sambucifolium* Seem.?) Zwischen Verjel und Villeta, Westhang der Ostcordillere (Columbien); 800—1800 m Seehöhe. Den 5. Juli.

Engler und Prantl (Die natürl. Pflanzenfamilien IV, 3. b. p. 240) nennen als Verbreitungsgebiet dieser Pflanze Mexiko bis Peru, und Hemsley (Biolog. centr. am. Botany II. 492) fügt noch Chile hinzu.

335. *Bignoniacea* (?) — Zwischen Verjel und Villeta, Westhang der Ostcordillere (Columbien); 800—1800 m Seehöhe. Den 5. Juli.

„Gefiedertes Blatt!

In den Blattrhachis nur kleine hendyoedrische und stäbchenförmige Krystalle; einfache Gefässdurchbrechungen.

Blattbau bifazial; kleinere Nerven durchgehend.

NB! Deckhaare ein- oder mehrzellig, im zweiten Fall baumartig verästelt.

Scheibenförmige, kurzgestielte Aussendrüsen; ihre Köpfchen nur durch Vertikalwände geteilt.

(Solereder.)"

Familie *Gesneriaceae*.

336. *Kohleria elongata* (H. B. K.) Haust. non Regel (= *Brachyloma elongatum* Hanst.). — Zwischen Ibagué und Mediacion, Osthang der Centralcordillere (Columbien); 1500—2500 m Seehöhe. Den 17. Juli. — Zwischen Mediacion und El Moral, Osthang etc. (Columbien); über 2000 m Seehöhe. Den 17. Juli.

Das eine der zwei Exemplare, welche zwischen Ibagué und Mediacion gesammelt wurden, ist, nach Fritsch, eine Form mit auffallend kurzen Blütenstielen.

K. elongata wird von Kunth (Nov. Gen. et Spec. Plant. II. 318) als fraglich aus Ecuador angegeben. Hanstein (Linnaea XXIX. p. 533. 576) nennt diese Art aus Columbien und zwar speziell aus den Quindiubergen, woher auch die von mir gesammelten Exemplare stammen.

337. *Kohleria spicata* (H. B. K.) Oersted (= *Isoloma spicatum* Dcn.). — Zwischen Verjel und Villeta, Westhang der Ostcordillere (Columbien); 800—1800 m Seehöhe. Den 5. Juli. — Zwischen Balsabamba und Pocho de Santa Lucia, Westhang der Westcordillere (Ecuador); 700—1500 m Seehöhe. Den 21. August.

Mein Exemplar aus Ecuador ist, nach Fritsch, eine Form mit mehr als drei wirtelständigen Blättern.

Humboldt (Kunth: Nov. Gen. et Spec. Plant. II. 316) hat *K. spicata* am Fuss der Centralcordillere (Columbien) gefunden; jetzt ist sie auch aus Mexiko, Costarica, Venezuela und Ecuador bekannt (Engler und Prantl: Die natürlichen Pflanzenfamilien. IV, 3 b. p. 178). Aus dem Münchener Herbarium liegt, nach Neger, die gleiche Pflanze als *Isoloma* spec. von Kerber (No. 73) in Mexiko gesammelt vor.

338. *Episcia melittifolia* Mart. — Morne-Rouge, oberhalb St. Pierre auf Martinique (Kleine Antillen); ca. 400 m Seehöhe. Anfang Juni.

Grisebach (Flora of British Westindia p. 462) und Duss (Plantes de la Guadeloupe et de la Martinique [Annales de l'Institut Colonial de Marseille. III. p. 431]) führen diese *Gesneriacea* von den Antillen, Engler und Prantl (Die natürl. Pflanzenfam. IV. 3 b. p. 169) ausserdem aus Guyana an.

339. *Gesneriacea.* — Zwischen Las Palmas und Passhöhe, Westhang der Westcordillere (Ecuador); 2300—3000 m Seehöhe. Den 22. August.

Nach Fritsch ist diese Pflanze wegen Mangels der Blumenkrone unbestimmbar.

340. *Gesneriaceae* (ex anatomia). — Urwald zwischen Pacaná und Playa Limon, Westhang der Westcordillere (Ecuador); 200—470 m Seehöhe. Den 30. August.

341. *Gesneriacea* (?). — Zwischen Verjel und Villeta, Westhang der Ostcordillere (Columbien); 900—1900 m Seehöhe. Den 5. Juli.

„Flores monstrosi! (Solereder.)"
Dieses Exemplar hat durch Schimmel sehr gelitten.

Familie *Acanthaceae.*

342. *Thunbergia grandiflora* Boxb. β^{**} *cuspidata* N. ab Es. — Morne-Rouge oberhalb St. Pierre auf Martinique (Kleine Antillen); ca. 400 m Seehöhe. Anfang Juni.

Diese aus Ostindien stammende Pflanze wird, nach Duss (Plantes de la Guadeloupe et de la Martinique [Annales de l'Inst. Colon. de Marseille. III. 428. 429]), nebst einigen anderen *Thunbergia*-Arten sowohl auf Guadeloupe wie auf Martinique kultiviert und hat sich daselbst eingebürgert.

343. *Ruellia obtusa* N. ab Es. — Unterer Rio Magdalena (Nordcolumbien). Wenig über dem Meeresniveau. Den 19. Juni. — La Popa bei Cartagena (Nordcolumbien); 50—150 m Seehöhe. Den 8. August.

Nees ab Esenbeck (De Candolle: Prodromus. XI. p. 153) erwähnen als Fundort dieser Art ausschliesslich Columbien, und zwar speziell Cartagena.

344. *Dicliptera multiflora* Juss. — Zwischen Babahoyo und Palmar (Westecuador); 5 — 30 m Seehöhe. Den 19. August.

Nach Nees ab Esenbeck (De Candolle: Prodromus. XI. p. 486) und nach Lindau (Engler und Prantl: Die natürl. Pflanzenfamilien. IV, 3b. p. 333) ist diese *Dicliptera* von Mexiko bis Ecuador verbreitet. Ruiz et Pavon (Flora peruvian. et chilens. I. p. 10) und Vahl (Enumeratio Plantarum. I. 160) nennen auch Peru als Heimat. In der Biologia centrali americana (Botany. II. 525) ist nur Südmexiko erwähnt.

Nach Neger passt die in De Candolle (l. c. 486) gegebene Beschreibung durchaus auf die vorliegende Pflanze.

345. *Sanchezia (= Ancylogyne) munita* N. ab. Es. — Urwald bei Boca de Saino am mittleren Rio Magdalena (Columbien); ca. etwas über 100 m Seehöhe. Den 30. Juni.

Diese rotblühende *Sanchezia*-Art ist von Engler und Prantl (Die natürlichen Pflanzenfamilien. IV, 3b. p. 294) nur aus Brasilien und von Nees ab Esenbeck (Martii Flora bras. IX. p. 64) nur aus dem (brasilianischen?) Amazonasgebiet erwähnt.

346. *Jacobinia colorata* (N. ab Es.) Lindau (= *Sericographis colorata* N. ab Es. in Bentham Plantae Hartwegianae p. 148).

Zwischen Las Palmas und der Passhöhe, Westhang der Westcordillere (Ecuador); 2300—3000 m Seehöhe. Den 22. August.

In Bentham Plant. Hartweg. p. 148 und auch in De Candolle (Prodromus. XI. p. 364) wird diese Art nur aus den südecuadorianischen Anden erwähnt.

347. *Acanthacea.* — Östlich von Guadualita, Westhang der Ostcordillere (Columbien); mehr als 1000 m Seehöhe. Den 5. Juli.

Das vorliegende Exemplar ist durch Schimmel fast ganz zerstört.

348. *Acanthacea.* — Zwischen Pacaná und Playa Limon, waldiger Westhang der Westcordillere (Ecuador); 200—460 m Seehöhe. Den 30. August.

Das vorliegende Blatt ist nicht näher bestimmbar.

Familie *Rubiaceae.*

349. *Manettia meridensis* K. Sch. — Zwischen El Moral und Machin, Osthang der Centralcordillere (Columbien); 2000 bis 2400 m Seehöhe. Den 18. Juli.

Schumann (Martii: Flora brasiliensis. VI, 6. p. 179) giebt als Fundort dieser Art einzig die Provinz Merida in Venezuela an.

350. *Arcythophyllum (= Hedyotis) nitidum* H. B. K. — Monserrate bei Bogotá (Columbien) 2700—3100 m Seehöhe. Den 6. Juli.

Humboldt (Kunth: Nov. Gen. et Spec. Plant. III. 306) hat diese Art in der Umgegend von Bogotá gesammelt. Weddell (Chloris Andina. II. 44) erwähnt auch einen venezolanischen Fundort.

351. *Hamelia patens* Jacq. — Morne-Rouge, oberhalb St. Pierre auf Martinique (Kleine Antillen); 430 m Seehöhe. Den 9. Juni. — Baranquilla (Nordcolumbien), etwas über Meeresniveau. Den 17. Juni. — Zwischen Verjel und Villeta, Westhang der Ostcordillere (Columbien); 900—1900 m Seehöhe. Den 5. Juli.

Diese Pflanze, welche auf Martinique selten zu sein und auf Guadeloupe gar nicht vorzukommen scheint (Duss: Plantes de la Guadeloupe et de la Martinique [Annales de l' Institut Colonial de Marseille. III. 331]), ist nach Schumann (Martii Flora bras. VI, 6. p. 322) und Hemsley (Biologia centr. am. Botany. II. 34) in Florida, Mexiko, Centralamerika, auf den Antillen, in Columbien, Venezuela, Brasilien, Ecuador und Peru verbreitet.

352. *Cruikshanksia tripartita* Philippi. — Taltal, nordchilenische Küste; ca. 25° 30' s. Br. Den 11. Oktober.

Philippi (Florula Atacamensis. p. 26) nennt als Fundorte dieser gelbblühenden Pflanze verschiedene Punkte der Atacamawüste (Chile), unter anderen auch Taltal.

353. *Palicourea costata* Benth. — Zwischen Boca del Monte und Tambo, waldiger Westhang der Ostcordillere (Columbien), auf dem Wege von Bogotá nach Girardot; 2000—2600 m Seehöhe. Den 12. Juli.

Humboldt (Kunth: Nov. Gen. et Spec. Plant. III. 286) hat diese Art am Orinoco und Rio Negro gesammelt.

354. *Palicourea* nov. spec. — Zwischen Las Palmas und der Passhöhe gegen Chapacoto zu, auf dem Wege nach Guaranda; waldiger Westhang der Westcordillere (Ecuador). 2300—3100 m Seehöhe. Den 22. August.

Professor Schumann in Berlin hat diese Pflanze als nov. spec. bestimmt. Eine Beschreibung derselben ist zwecklos, da die Blätter fehlen.

355. *Uruparia tomentosa* (Willd.) K. Sch. *(= Cephaëlis tomentosa* Willd.). — Wald hinter Port of Spain auf der Insel Trinidad; Meeresniveau. Den 11. Juni.

Diese *Rubiacee* hat nach Müller-Argoviensis (Martii Flora bras. VI, 5. p. 371) ihre Fundorte am Orinoco, in Guyana und in Brasilien, nach Grisebach (Flora of the British Westindian Islands. p. 346) und Hemsley (Biolog. centr. am. Botany. II. 53) ausserdem auf Trinidad, in Mexiko und über Centralamerika südwärts bis Peru.

356. *Diodia rigida* Cham. et Schlecht. *var.* — Tequendama bei Bogotá (Columbien). 2200—2500 m Seehöhe. Den 11. Juli.

Schlechtendahl (Linnaea. III. p. 341), Grisebach (Flora Brit. Westind. Islands p. 348), Schumann (Martii Flora bras. VI, 6. p. 32) und Hemsley (Biolog. centr. am. Botany. II. p. 55) geben *D. rigida* aus Guatemala, den Antillen und von Venezuela südwärts bis Uruguay an; Schumann (l. c.) nennt als Verbreitungsgebiet ausserdem die Gesellschaftsinseln.

Das vorliegende Exemplar stimmt mit keiner der in Schumann (l. c.) beschriebenen Varietäten überein.

357. *Borreria laevis* Griseb. — Morne-Rouge, oberhalb St. Pierre auf Martinique (Kleine Antillen); ca. 400 m Seehöhe. Den 9. Juli.

Das Verbreitungsgebiet dieser *Borreria* sind nach Schumann (Martii Flora bras. VI, 6. p. 44. 403) und Hemsley (Biol. centr. am. Botany. II. p. 59) die Antillen, Centralamerika, Venezuela, Guyana, Ecuador und Peru. Duss (Plantes de la Guadeloupe et de la Martinique [Annales de l'Institut Colonial de Marseille. III. p. 348]) sagt, dass sie auf Martinique häufig vorkommt.

Familie *Cucurbitaceae*.

358. *Momordica Charantia* L. — Zwischen La Dorada und Honda, mittlerer Rio Magdalena (Columbien); etwas unter 200 m Seehöhe. Den 4. Juli.

Diese in den tropischen und subtropischen Gegenden der ganzen Erde vorkommende Pflanze ist in Amerika jedenfalls eingeschleppt worden. (De Candolle: Suites au Prodromus. III. p. 437. — Engler und Prantl: Die natürlichen Pflanzenfamilien. IV, 5. p. 24).

Familie *Campanulaceae*.

359. *Centropogon surinamensis* (L.) Presl. — Zwischen Playas und Balsabamba, Westhang der Westcordillere (Ecuador); 100—600 m Seehöhe. Den 20. August.

Hemsley (Biolog. centr. am. Botany. II. p. 264) sagt, dass diese Art auf den Antillen und von Panama südwärts bis Peru und Brasilien vorkommt. Nach Kanitz (Martii Flora bras. VI, 4. p. 134) ist sie über Brasilien weit verbreitet.

360. *Centropogon* (?) *uncinatus* A. Zahlbr. nov. spec. — Zwischen Babahoyo und Páramo des Chimborazo (Westecuador); zweite Hälfte August. (Die nähere Fundortangabe ist durch die auf S. 5. Anmerk. 1. erwähnte Beschädigung des Herbars verloren gegangen).

(Beschreibung dieser neuen Art durch Dr. Zahlbruckner siehe am Schlusse dieses Artikels. Abbildung Tafel III, Fig. 4, Tafel V, Fig. 3.)

361. *Siphocampylus ferrugineus* G. Don. — Quindiupass, Centralcordillere (Columbien); 2700—3400 m Seehöhe. Den 16. Juli.

De Candolle (Prodromus. VII. 403) nennt als Heimat dieser Art die kalten Regionen Columbiens, speziell die Umgegend Bogotás.

362. *Siphocampylus Columnae* (Mutis) G. Don. — Monserrate bei Bogotá (Columbien); 2700—3100 m Seehöhe. Den 8. Juli.

Humboldt (Kunth: Nov. Gen. et Spec. Plant. III. 236) hat *Siphocampylus Columnae* bei Bogotá gesammelt, und auch De Candolle (Prodromus. VII. 398) führt keinen anderen Fundort an.

„Die vorliegenden Campanulaceen scheinen, ihrem Blütenbau nach zu urteilen, ornithophil zu sein. Wahrscheinlich wird die Bestäubung durch Kolibris vermittelt.
(Neger.)"

Familie *Compositae*.

363. *Piqueria artemisioides* H. B. K. — Umgegend von S. Mateo an der Oroyabahn, Westhang der Westcordillere (Peru); 3200 m Seehöhe. Den 16. September.
Humboldt hat diese Art zuerst im interandinen Gebiet von Mittelecuador entdeckt (Kunth: Nov. Gen. et Spec. Plant. IV. 120). In De Candolle (Prodromus. V. p. 105) ist sie ausser aus Ecuador auch aus Peru erwähnt.
In der Umgegend von S. Mateo sahen wir *Piqueria artemisioides* individuenreich vertreten.

364. *Ophryosporus triangularis* Meyen. — Coquimbo, nordchilenische Küste; unter ca. 30° s. Br. Etwa 20—50 m Seehöhe. Den 13. Oktober.
Meyen (Reise um die Erde. I. 402) hat diesen Strauch in der Provinz Atacama (Chile) entdeckt.

365. *Stevia Benthamiana* Hieron. — Tequendama bei Bogotá (Columbien); 2200—2500 m Seehöhe. Den 11. Juli.
Als Fundorte dieser Art giebt Hieronymus (Engler: Botanische Jahrbücher. XXVIII. S. 561) das Caucathal (Columbien) und die Umgegend Quitos (Ecuador) an.

366. *Eupatorium azangaroense* C. H. Schultz Bip. — Páramo des Chimborazo, unterhalb der Passhöhe zwischen Ganquis und Yaguarcocha (Westecuador); gegen 4000 m Seehöhe. Ende August.
Weddell (Chloris Andina. I. 217), Hieronymus (Engler: Botan. Jahrb. XXVIII. 574) und Sodiro (Engler l. c. XXIX. 13) führen als Heimat dieser Art die andinen Regionen Venezuelas, Ecuadors, Perus und Boliviens an.

367. *Eupatorium conyzoides* Vahl. — Zwischen Villeta und Facatativá, Westhang der columbianischen Ostcordillere; ca. 1000—2000 m Seehöhe. Den 6. Juli.
De Candolle (Prodromus. V. p. 143) nennt als Verbreitungsgebiet dieser Art Mexiko, Cuba und Brasilien, Hemsley (Biologia centr. am. Botany. II. 94) Nordmexiko bis Costarica; Klatt (Engler Botan. Jahrb. VIII. 34) und Hieronymus (Engler l. c. XIX. 45) führen Columbien an, und letzterer (Engler l. c. XXVIII. 564) erwähnt ausserdem Ecuador. Baker (Martii Flora bras. VI, 2. p. 277) fügt diesen Ländern noch Peru und Argentinien bei.
Die Corolla des vorliegenden Exemplares ist lila.

368. *Eupatorium humile* (Benth.) Hieron. (= *Conoclinium humile* Benth.) — Monserrate bei Bogotá (Columbien); 2700—3100 m Seehöhe. Den 8. Juli.
Bentham (Plantae Hartwegianae. p. 200) giebt als Fundort dieser Art die Cordillere bei Bogotá an.

369. *Eupatorium Klattianum* Hieron. (= *E. umbrosum* Klatt). — Zwischen Guadualita und Verjel, Westhang der Ostcordillere (Columbien); 800—1500 m Seehöhe. Den 5. Juli.
    Hieronymus (Engler: Botan. Jahrb. XXVIII. 573) giebt von dieser Art keinen Fundort an; Klatt (Engler l. c. VIII. 36) nennt das Departement Cundinamarca (Columbien) als Heimat derselben.

370. *Eupatorium obscurifolium* Hieron. — Zwischen Playas und Balsabamba, Westhang der Westcordillere (Ecuador); ca. 50—650 m Seehöhe. Den 20. August. — Zwischen Balsabamba und Pocho de Santa Lucia, Westhang der Westcordillere (Ecuador); 650—1500 m Seehöhe. Den 21. August.
    Als Fundorte dieser erst im Jahre 1901 publizierten Pflanze nennt Sodiro (Engler: Botan. Jahrb. XXIX. 9) den Westhang der Anden bei Cuenca (Ecuador) und die subandinen Regionen des Chimborazo (Ecuador).

371. *Eupatorium pichinchense* H. B. K. — Zwischen Las Palmas und der Passhöhe, Westhang der Westcordillere (Ecuador); 2300—3000 m Seehöhe. Den 22. August.
    Von dieser Art sind in der Litteratur Fundorte bisher nur aus Ecuador erwähnt (Kunth: Nov. Gen. et Spec. Plant. IV. 95. — Hieronymus in Engler, Botan. Jahrb. XXVIII. 574. — Sodiro in Engler l. c. XXIX. 13).

372. *Eupatorium stoechadifolium*. L. f. — Monserrate bei Bogotá (Columbien); 2700—3100 m Seehöhe. Den 8. Juli.
    Als Heimat dieses *Eupatoriums* nennt Linné (Suppl. Plant. 355) Südamerika ohne nähere Fundortsangabe: Hieronymus (Englers Bot. Jahrb. XXVIII. 569) erwähnt als solche den Rand der Hochebene von Bogotá (Columbien).

373. *Eupatorium virgatum* Schrad. — Zwischen El Moral und Machin, Osthang der Centralcordillere (Columbien); 2000 bis 2400 m Seehöhe. Den 16. Juli.
    Hieronymus (Engler: Botan. Jahrb. XIX. 45) nennt als Fundort dieser Art Pocho im Departement Cundinamarca (Columbien). In De Candolle (Prodromus. V. 159) ist sie nur im allgemeinen aus Südamerika angeführt.

374. *Haplopappus parvifolius* (DC) A. Gray (= *Pyrrocoma parvifolia* DC.). — Coquimbo, nordchilenische Küste; unter ca. 30° s. Br. Etwa 30—60 m Seehöhe. Den 13. Oktober.
    Diese Art hat nach De Candolle (Prodromus. V. 351) und nach Gay (Historia fisica y politica de Chile. Botanica. IV. 63) ihre Fundorte in den Cordilleren Nord- und Mittelchiles.

375. *Haplopappus velutinus* Remy. — Ornillo auf dem Uspallatapass (Chile), Westhang der Anden; etwa 1300 m Seehöhe. Den 15. Oktober.
    Gay (Historia fisica y politica de Chile. Botanica. IV. 58) giebt als Heimat dieser Art die chilenischen Anden, von der Provinz Coquimbo südwärts bis zur Provinz Col-

chagua, an. Auch Weddell (Chloris Andina. I. 209) nennt kein anderes Verbreitungsgebiet.

Das vorliegende Exemplar ist von Solereder nach der Beschreibung in Gay (l. c. 57) bestimmt.

376. *Lepidophyllum (= Polycladus) cupressinum* Philippi. — Puna zwischen Uyuni und Calama, etwa bei Ascotan (Nordchile); ca. 4000 m Seehöhe. Den 7. Oktober.

Philippi (Florula Atacamensis. p. 34) führt diese Art aus ziemlich bedeutender Höhe aus Nordchile an, von einem etwas südlicher gelegenen Fundorte als derjenige ist, an welchem ich mein Exemplar gefunden habe.

„Ich halte die vorliegende Pflanze nach der Blütenanalyse und den sonstigen Merkmalen für *Polycladus cupressinus;* auch der Fundort stimmt. Die zweite, in Anales de la Universidad de Chile. Bd. 34. 1873. p. 492 *Polycladus*-Art, *P. abietinus* Philippi, weicht von den vorliegenden durch den Besitz deutlicher Zungenblüten ab."

(Solereder.)

377. *Lepidophyllum quadrangulare* Benth. Hook. (= *Dolichogyne lepidophylla* Wedd.). — Zwischen Arequipa und Puno, namentlich gegen die Passhöhe von Crucero alto, 4470 m Seehöhe, und zwar hauptsächlich westlich von letzterer (Südperu). Den 29. September. — Auf der Puna südlich von La Paz (Bolivien), nördlich und südlich von Ayoayo; ca. 4000 m Seehöhe. Den 3. und 4. Oktober.

Diese charakteristische Punapflanze hat nach Weddell (Chloris Andina. I. 182) ihre Fundorte in Südperu, Nordchile und Nordbolivien, namentlich südlich des Titicacasees.

378. *Erigeron pellitus* Wedd. — Páramo des Chimborazo (Ecuador); 3500 bis gegen 4000 m Seehöhe. Ende August.

Sodiro (Engler: Botan. Jahrb. XXIX. 20) nennt als Verbreitungsgebiet dieser Composite die andinen Regionen Ecuadors, Hieronymus (Engler l. c. XIX. 49) die hochandinen Regionen Columbiens, Klatt (Engler l. c. VIII. 38) die hochandinen Regionen dieser beiden Länder, und Weddell (Chloris Andina. I. 190) ausserdem diejenigen Venezuelas.

379. *Erigeron sulcatus* Meyen *var. columbiana* Hieron. — Monserrate bei Bogotá (Columbien); 2700—3100 m Seehöhe. Den 6. Juli.

Diese Varietät erwähnen Hieronymus (Engler: Botan. Jahrb. XXVIII. 586) und Klatt (Engler l. c. VIII. 38) aus der andinen Region Cundinamarcas (Columbien).

380. *Baccharias alnifolia* Meyen et Walp. — Zwischen Chimu und Trujillo, nordperuanische Küste; Sandboden. Etwas über Meeresniveau. Den 10. September.

B. alnifolia hat Meyen (Nov. Act. Acad. Caes. Leop.-Carol. Nat. Cur. XIX. Suppl. I. p. 264) in Arequipa (Peru) entdeckt.

381. *Baccharis floribunda* H. B. K. — Tequendama bei Bogotá (Columbien); 2200—2500 m Seehöhe. Den 11. Juli. — Aus

der Strauchvegetation des Chimborazo, oberhalb Ganquis (Westecuador); etwas über 3000 m Seehöhe. Ende August.

Diese *Baccharis* erwähnten Humboldt (Kunth: Nov. Gen. et Spec. Plant. IV. 50) und Klatt (Engler: Botan. Jahrb. VIII. 39) aus den columbianischen Anden.

382. *Baccharis microphylla* H. B. K. var. β *Incarum* Wedd. — Puna oberhalb und westlich von La Paz (Bolivien); ca. 4000 m Seehöhe. Den 3. Oktober.

Weddell (Chloris Andina. I. 171) nennt als Heimat dieser Varietät von *B. microphylla* die Hochlandsregionen Perus und Boliviens, als fragliche Heimat Venezuela, und sagt, dass es eine jener Pflanzen ist, welche in Bolivien unter dem Namen *Tola* gehen und zum Heizen der Öfen verwendet werden.

383. *Achyrocline celosioides* DC. — Monserrate bei Bogotá (Columbien); 2700—3100 m Seehöhe. Den 8. Juli.

Diese Art wird von Kunth (Nov. Gen. et Spec. Plant. IV. 61) und von De Candolle (Prodromus. VI. 221) nur aus Südecuador angeführt.

384. *Achyrocline Hallii* Hieron. — Monserrate bei Bogotá (Columbien); 2700—3100 m Seehöhe. Den 8. Juli.

Von dieser erst im Jahre 1901 beschriebenen Art (Hieronymus in Englers Botan. Jahrb. XXVIII. 594) war als Fundort bisher nur der Tunguragua (Ecuador) bekannt.

385. *Achyrocline saturoides* Lam. var. *candicans* (DC.) Baker (?). — Páramo des Chimborazo (Ecuador); ca. 3800 m Seehöhe. Ende August.

Baker (Martii Flora bras. VI, 3. p. 116) führte diese Varietät aus Carácas, Britisch Guyana und Rio de Janeiro an; De Candolle, welcher sie als selbständige Art aufgestellt hat (Prodromus. VI. 221), giebt, nach Humboldt, als ihre Heimat das interandine Gebiet Ecuadors an.

386. *Gnaphalium cheiranthifolium* Lam. — Zwischen Balsabamba und Pocho de Santa Lucia, Westhang der Westcordillere (Ecuador); 700—1500 m Seehöhe. Den 21. August. — Zwischen Pucará und San Antonio, Westhang der Westcordillere (Ecuador); 1500—3000 m Seehöhe. Den 28. August.

Hoffmann (Engler und Prantl: Die natürlichen Pflanzenfamilien. IV, 5. p. 188) giebt als Heimat dieser Art das tropische und aussertropische Südamerika an.

Die Farbe der Hüllkelche des vorliegenden Exemplares aus dem erstgenannten Fundorte ist ein dunkles Strohgelb, des vorliegenden Exemplares aus dem zuletzt genannten Fundorte ein lichtes Strohgelb.

387. *Gnaphalium lanuginosum* H. B. K. — Tequendama bei Bogotá (Columbien); 2200—2500 m Seehöhe. Den 11. Juli.

Diese Art wird von Kunth (Nov. Gen. et Spec. Plant. IV. 66) und von Klatt (Linnaea. XLII. 129) aus den peruanischen Anden, von Weddell (Chloris Andina. I. 145) und von Sodiro (Engler: Botan. Jahrb. XXIX. 31) ausserdem aus Ecuador angeführt.

Die Farbe der Hüllkelche des vorliegenden Exemplares ist ein lichtes Gelbrosa.

388. *Gnaphalium puberulum* D. C. — Coquimbo, nordchilenische Küste; unter ca. 30° s. Br. Etwa 20—50 m Seehöhe. Den 13. Oktober.

Gay (Historia fisica y politica de Chile. IV. 223) nennt als Verbreitungsgebiet dieser Art einige der mittleren Provinzen Chiles, und De Candolle (Prodromus. VI. 224) erwähnt ausser Chile auch Brasilien als Heimat.

Nach Solereder ist das vorliegende Exemplar sicher die oben genannte Art; es unterscheidet sich von den typischen Exemplaren dieser Art durch die stärkere tomentose Behaarung der Stengelteile und nähert sich hierin dem, nach Gay (l. c. IV. 222), ebenfalls in Mittelchile vorkommenden *G. citrinum* Hook. et Arn. (= *G. cheiranthifolium* Lam.), ist jedoch von der zuletzt genannten Art durch die Behaarung der Blätter weit verschieden.

389. *Gnaphalium tenue* H. B. K. — Tequendama bei Bogotá (Columbien); 2200—2500 m Seehöhe. Den 11. Juli.

Dieses *Gnaphalium* erwähnt Hemsley (Biologia centr. am. Botany. II. 138) als fraglich aus Mexiko. Hieronymus (Engler: Botan. Jahrb. XXVIII. 596) führt es aus Ecuador an.

Die Farbe der Hüllkelche des vorliegendes, 45 c. hohen Exemplares ist ein lichtes Strohgelb.

390. *Espeletia argentea* Humb. et Bonpl. — Monserrate bei Bogotá (Columbien); 2700—3100 m Seehöhe. Den 8. Juli.

Weddell (Chloris Andina. I. 65) nennt als Heimat dieser *Espeletia*-Art die Anden Columbiens und Venezuelas; Hieronymus (Engler: Botan. Jahrb. XXVIII. 599) führt Columbien an.

391. *Heliopsis canescens* H. B. K. — Zwischen Guadualita und Verjel, Westhang der Ostcordillere (Columbien); 800 — 1500 m Seehöhe. Den 5. Juli. — Zwischen Villeta und Facatativá, Westhang der Ostcordillere (Columbien); 1000 — 2200 m Seehöhe. Den 6. Juli.

Diese von Humboldt in Südecuador entdeckte Composite (Kunth: Nov. Gen. et Spec. Plant. IV. 166) ist nach Hemsley (Biolog. centr. am. Botany. II. 156) in Mexiko und von Columbien bis Peru verbreitet.

392. *Isocarpha divaricata* Benth. — Aus einem Sartenejal[1]) bei Guayaquil (Westecuador); Meeresniveau. Mitte August oder Anfang September.

Bentham (Hinds: The Botany of the Voyage of H. M. S. Sulphur [Botanical Descriptions by. G. Bentham] p. 110) giebt die Insel Puna bei Guayaquil, Sodiro (Engler: Botan.

---

[1]) Siehe weiter oben S. 33, Anmerk. 1.

Jahrb. XXIX. 34), ausser der Umgegend Guayaquils, auch Babahoyo und Hieronymus (Engler: l. c. XXVIII. 604) die Küste bei Balao als Fundort dieser Art an. Hemsley (Biolog. centr. amer. Botany. II. 167) nennt Centralamerika. Columbien und Peru als ihr Verbreitungsgebiet.

393. *Wedelia carnosa* Rich. — Morne-Rouge, oberhalb St. Pierre: 430 m Seehöhe. — Gebirgswald zwischen St. Pierre und Fort de France; etliche 100 m Seehöhe. Beide Fundorte auf Martinique (Kleine Antillen). Anfang Juni.

Grisebach (Flora of the British Westindian Islands. p. 371) giebt als Verbreitungsgebiet dieser Art Westindien und Panama bis Pernambuco an; Baker (Martii Flora bras. VI, 3. p. 179 u. ff.) erwähnt sie jedoch nicht aus Brasilien. Engler und Prantl (Die natürl. Pflanzenfamilien. IV. 5, p. 235) nennen als Heimat Westindien, Centralamerika und Florida. Duss (Plantes de la Guadeloupe et de la Martinique [Annales de l'Institut Colonial de Marseille. III. 366, 367]) sagt, dass sie sowohl auf Guadeloupe wie auf Martinique häufig vorkommt.

394. *Wedelia frutescens* Jacq. — La Popa bei Cartagena (Nordcolumbien); ca. 100—150 m Seehöhe. Den 8. August.

Jacquin (Selectar. Stirp. American. Historia. p. 218) nennt als Fundort dieser Pflanze Cartagena, Duss (Plantes de la Guadel. et de la Mart. [Annales de l'Inst. Colon. Marseille. III. 366]) erwähnt sie aus Martinique und Hemsley (Biol. centr. am. Botany. II. 170) aus Columbien, Venezuela, Guyana und Westindien.

„Die vorliegende Pflanze stimmt völlig mit der Artdiagnose und Abbildung bei Jacquin überein; Jacquin hat sein Exemplar auch bei Cartagena gesammelt.

(Solereder)."

395. *Melanthera deltoidea* Rich. in Michx. — Morne-Rouge oberhalb St. Pierre auf Martinique (Kleine Antillen); 430 m Seehöhe. Anfang Juni.

Grisebach (Flora of the British Westindian Islands. p. 372) giebt Westindien und Mexiko bis Venezuela und Ecuador, Hemsley (Biologia centr. am. Botany. II. 182) ausserdem Centralamerika und den nördlichen Teil von Südamerika als Verbreitungsgebiet dieser Pflanze an; Hoftmann (Engler und Prantl: Natürl. Pflanzenfamilien. IV. 5. p. 236) nennt als Heimat Westindien und das Küstengebiet des karibischen Meeres. Duss (Plantes de la Guadel. et de la Martinique [Annales de l'Inst. Colon. Marseille. III. 367, 368]) sagt, dass *M. deltoidea* auf den französischen Antillen gemein ist.

396. *Spilanthes americana* (Mut.) Hieron. — Tequendama bei Bogotá (Columbien); 2200—2500 m Seehöhe. Den 11. Juli.

Diese Art erwähnen Kunth (Nov. Gen. et Spec. Plant. IV. 164) aus der Umgegend Bogotás, Klatt (Engler: Botan. Jahrb. VIII. 44) aus dem südcolumbischen und Sodiro

(Engler l. c. XXIX. 42) aus dem nordecuadorianischen Andengebiet.
Die vorliegende Pflanze hat eine gelbe Blumenkrone.
O. Hoffmann schreibt über mein Exemplar: „Forma achaeniis, etiam disci, margine interiore parce pilosis."

397. *Bidens fruticulosa* Meyen et Walp. — Zwischen Villeta und Facatativá, Westhang der Ostcordillere (Columbien); ca. 1800—2700 m Seehöhe. Den 6. Juli.
Weder in Nov. Act. Ac. Caes. Leop. Carol. Nat. Cur. (XIX. Suppl. 271) noch in Walpers Repertorium bot. syst. (VI. 168), noch in Weddell (Chloris Andina. I. 69) ist ein anderer Fundort angegeben als die Hochebene von Tacora (Peru).

398. *Bidens rubifolia* H. B. K. — Monserrate bei Bogotá (Columbien); 2700—3100 m Seehöhe. Den 8. Juli.
Hieronymus (Engler: Botan. Jahrb. XIX. 55 und XXVIII. 614) führt als Heimat dieser Art nur Südcolumbien an, Humboldt (Kunth: Nov. Gen. et Spec. Plant. IV. 186) als fraglich Ecuador.
Zur gleichen Art wie das Exemplar von Monserrate, gehört wohl auch eine am Quindiu in der columbianischen Centralcordillere zwischen 2600 und 3400 m Seehöhe, den 19. Juli, gesammelte *Bidens*, deren Zustand eine vollkommen sichere Bestimmung nicht zulässt.

299. *Galinsoga hispida* Benth. — Tequendama bei Bogotá (Columbien); 2200—2500 m Seehöhe. Den 11. Juli.
Bentham (Hinds: The Botany of the Voyage of H. M. S. Sulphur [Botanical Descriptions by G. Bentham] p. 119) giebt Columbien, Ecuador und Peru als Verbreitungsgebiet dieser Pflanze an, Hemsley (Biolog. centr. am. Botany II. 205) ausserdem Südmexiko und Centralamerika.

400. *Tridax Trianae* Hieron. — Monserrate bei Bogotá (Columbien); 2700—3100 m Seehöhe. Den 8. Juli. — Tequendama bei Bogotá (Columbien); 2200—2500 m Seehöhe. Den 11. Juli.
Diese erst 1896 publizierte Art war bisher nur aus Südcolumbien und nur von einem einzigen Fundort bekannt (Hieronymus in Englers Botan. Jahrb. XXI. 351).

401. *Helianthea*. — Zwischen Guadualita und Verjel, Westhang der Ostcordillere (Columbien); 800—1500 m Seehöhe. Den 5. Juli.
Das vorliegende Exemplar befindet sich in so jugendlichem Zustand, dass, nach Hoffmann, nicht einmal die Gattung mit Sicherheit zu bestimmen ist.

402. *Bahia ambrosioides* Lag. — Coquimbo, nordchilenische Küste; unter ca. 30° s. Br. Etwa 50—100 m Seehöhe. Den 13. Oktober.
Gay (Historia fisica y politica de Chile. Botanica. IV. 257) nennt als hauptsächliches Verbreitungsgebiet dieser *Bahia*-Art die Centralprovinzen Chiles.

403. *Senecio Berterianus* Colla. — Coquimbo, nordchilenische Küste: unter ca. 30° s. Br. Etwa 20—50 m Seehöhe.

Dieser *Senecio* wird von Colla (Memorie della R. Academia di Torino. XXXVIII. 32) aus Chile, von Gay (Historia fisica y politica de Chile. Botan. IV. 185) speziell von der sandigen Küste Mittelchiles, unter anderen von La Serena (bei Coquimbo) angeführt.

404. *Senecio graveolens* Wedd. — Zwischen Arequipa und Puno, namentlich gegen die Passhöhe von Crucero alto, 4470 m Seehöhe, und zwar hauptsächlich westlich von letzterer (Südperu). Den 29. September.

Weddell (Chloris Andina. I. 111) giebt als Heimat dieser *Senecio*-Art Nordbolivien an und zwar Höhen, welche ungefähr der Höhe von Crucero alto entsprechen. Hieronymus (Engler: Botan. Jahrb. XXVIII. 633) nennt als Fundort die Berge bei Arequipa und Höhe von 4000—5000 m.

405. *Senecio hakeifolius* Bert. (?) — Uspallata (Westargentinien), nordwestlich von Mendoza; ca. 2000 m Seehöhe. Den 18. Oktober.

S. hakeifolius ist nach Gay (Historia fis. y polit. de Chile. Botan. IV. 177) in Nord- und Mittelchile häufig und geht in den Anden ziemlich hoch hinauf.

Eine sichere Artbestimmung vorliegender Pflanze ist wegen Mangels an Blüten nicht möglich.

Dieser Halbstrauch ist bei Uspallata häufig.

406. *Senecio Moritzianus* Klatt. — Zwischen Guadualita und Verjel, Westhang der Ostcordillere (Columbien); 800 bis 1500 m Seehöhe. Den 5. Juli. — Zwischen Villeta und Facatativá, Westhang der Ostcordillere (Columbien); 1000 bis 2200 m Seehöhe. Den 6. Juli.

Klatt (Leopoldina. XXIV. 1888 p. 127) nennt als Heimat dieser Art die Provinz Trujillo in Columbien[1]).

407. *Senecio pulchellus* DC. — Monserrate bei Bogotá (Columbien); 2700—3100 m Seehöhe. Den 8. Juli.

Dieser *Senecio* wird nur aus Columbien, aber sowohl aus der tierra fria, wie aus der tierra caliente angeführt (De Candolle: Prodromus. VI. 421. — Weddell: Chloris Andina. I. 100. — Klatt in Englers: Botan. Jahrb. VIII. 49. — Hieronymus in Englers Bot. Jahrb. XIX. 67, XXXVIII. 633).

408. *Senecio sonchoides* H. B. K. — Zwischen Balsabamba und Pocho de Santa Lucia und zwischen Pocho de Santa Lucia und Las Palmas, Westhang der Westcordillere (Ecuador); ca. 700—2000 m Seehöhe. Den 21. August.

Humboldt (Kunth: Nov. Gen. et Spec. Plant. IV. 139) hat diese Pflanze in Peru gesammelt.

„Nach der Beschreibung ist diese Art krautig und aufrecht; doch machen die Humboldtschen Originalexemplare

---

[1]) Es ist hier wohl der frühere Staat Trujillo gemeint, welcher jetzt zu Nordwestvenezuela gehört.

im Berliner Botan. Museum mit ihren harten, oberwärts stark gebogenen Zweigen durchaus den Eindruck einer strauchigen, kletternden Pflanze. — *Synoxys Sinclairii* Benth., Bot. Voy. Sulph. 120 (*Senecio Sinclairii* Hieron. in Engl. Bot. Jahrb. XIX. 68) ist vermutlich dieselbe Art; die Unterschiede in der Beschreibung sind gering und durch die Veränderlichkeit, welche namentlich kletternde Pflanzen so häufig zeigen, vollkommen erklärlich. Auch zeigt *S. sonchoides* ganz dieselben spitzen Verlängerungen der Griffelschenkel, welche Bentham veranlassten, seine Art zu *Synoxys* zu stellen. — Zu erwähnen ist noch, dass *S. sonchoides* von Peru (Guanacabamba), *S. Sinclairii* von Columbien veröffentlicht, die letztere jedoch von Hieronymus auch aus Ecuador nachgewiesen ist. (O. Hoffmann)."

409. *Senecio spinosus* DC. — Chacote (?)[1]), auf der bolivianischen Puna zwischen La Paz und Ayoayo (Nordbolivien); ca. 4000 m Seehöhe. Den 3. Oktober.

Diese Art wird von De Candolle (Prodromus. VI. 420) und Weddell (Chloris Andina. I. 115) nur aus Peru erwähnt.

410. *Senecio Theresiae* O. Hoffm. nov. spec. — Unterhalb Casapalca an der Oroyabahn (Mittelperu), Westhang der Anden; ca. 4000 m Seehöhe. Den 16. September.

(Die Beschreibung dieser nov. spec. durch O. Hoffmann siehe am Schlusse dieses Aufsatzes. Abbildung Tafel IV, Fig. 3, 4, 5).

411. *Werneria nubigena* Wedd. emend. var. β *latifolia* Wedd. (= *W. disticha* H. B. K.). — Páramo des Chimborazo (Ecuador); ca. 3800 m Seehöhe. Ende August.

Weddell (Chloris Andina. I. 81) führt als Verbreitungsgebiet dieser *Werneria* die Páramo- und Punaregionen von Ecuador, Peru und Bolivien an.

412. *Barnadesia arborea* H. B. K. (?) oder *B. polyacantha* Wedd. (?). — Westlich von Chapacoto, interandines Gebiet (Ecuador); ca. 2800 m Seehöhe. Den 22. August.

Barnadesia arborea hat nach Kunth (Nov. Gen. et Spec. Plant. IV. 13) und nach De Candolle (Prodromus. VII. p. 3) ihre Fundorte in den kalten Andenregionen Ecuadors, *B. polyacantha* nach Weddell (Chloris Andina. I.) in den Andenhöhen von Nordbolivien.

„Nach den Diagnosen allein, ohne Einsichtnahme der Originale, ist eine sichere Unterscheidung der Mehrzahl der *Barnadesia*-Arten nicht möglich. (Solereder.)"

413. *Mutisia grandiflora* Humb. et Bonpl. (?). — Nahe der Passhöhe der Westcordillere, westlich von Chapacoto, interandines Gebiet (Ecuador); ca. 3000 m Seehöhe. Den 22. August.

Humboldt und Bonpland (Plant. équin. I. 177) und De Candolle (Prodromus. VII. 5) geben als Fundort dieser Art

---

[1]) Ist im Herbar sicher verschrieben und soll zweifellos Chacoma heissen.

die Quindiuberge in Columbien an, woselbst sie nach Humboldt (Kunth: Nov. Gen. et Spec. Plant. IV. 12) im Oktober blüht. Klatt (Engler: Botan. Jahrb. VIII. 50) nennt als Fundort auch Yascual (Ecuador?)[1].

414. *Onoseris purpurata* Willd. — Urwald bei La Dorada am mittleren Rio Magdalena (Columbien); ca. 190 m Seehöhe. Anfang oder Ende Juli.

Sowohl Kunth (Nov. Gen. et Spec. Plant. IV. 6) wie De Candolle (Prodromus. VII. 34), Klatt (Engler: Botan. Jahrb. VIII. 51) und Hieronymus (Engler. l. c. XIX. 69, XXVIII. 651) führen nur Columbien als Heimat dieser Pflanze an.

415. *Chuquiraga insignis* Humb. et Bonpl. emend. Wedd. *α genuina* Wedd. — Páramo des Chimborazo (Ecuador); ca. 3800 m Seehöhe. Ende August.

Die *Ch. insignis* var. *α genuina* ist in Weddell (Chloris Andina. I. 3) nur vom Antisana (Ecuador) genannt. Klatt (Engler: Botan. Jahrb. VIII. 51) führt von *Ch. insignis* auch den Chimborazo und Pichincha (Ecuador) als Fundort an, Sodiro (Engler l. c. XXIX. 75) den Pichincha, Antisana etc.

416. *Perezia pungens* Less. — Páramo des Chimborazo (Ecuador); ca. 3800 m Seehöhe. Ende August.

Weddell (Chloris Andina. I. 43) führt als Heimat dieser Pflanze die hohen Andenregionen Ecuadors, Perus und Boliviens an.

417. *Hypochaeris* (= *Achyrophorus*) *quitensis* Schultz Bip. — Páramo des Chimborazo (Ecuador); ca. 3500 m und mehr Seehöhe. Ende August.

Die Fundorte dieser Art sind nach Weddell (Chloris Andina. I. 219) in den hochandinen Gebieten Columbiens, Ecuadors und Perus. Hieronymus (Engler: Botan. Jahrb. XXVIII. 658) erwähnt ecuadorianische und columbianische Fundorte.

418. *Taraxacum officinale* Wigg. — Zwischen Villeta und Facatativá, Westhang der Ostcordillere (Columbien); ca. 1000 bis 2400 m Seehöhe. Den 6. Juli.

Diese in ganz Deutschland und überhaupt weit über die Erde verbreitete Composite ist in Columbien wahrscheinlich eingewandert. Hemsley (Biolog. centr. am. Botany. II. 261) erwähnt sie in Nordamerika als in den Rocky Mountains einheimisch.

419. *Composite*. — Páramo des Chimborazo, vor der Passhöhe zwischen Ganquis und Yaguarcocha (Ecuador); ca. 3600 m Seehöhe. Ende August.

Der Hüllkelch dieser Pflanze ist dunkelgelb.

---

[1] Der Zeitpunkt, in welchem, nach Klatt (l. c. 50), diese Pflanze in Yascual gesammelt wurde, verglichen mit den Zeitpunkten, in welchen die übrigen Lehmannschen Pflanzen an anderen Fundorten gesammelt wurden, lässt schliessen, dass Yascual in Ecuador liegt.

420. *Composite*. — Zwischen Arequipa und Puno, gegen die Passhöhe von Crucero alto, 4470 m Seehöhe, und jenseits der Passhöhe, doch häufiger von Arequipa aufwärts (Südperu). Den 29. September.

„Endodermale Harzgänge im Anschluss an den Bastteil der Leitbündel in Blattnerven und Achse, in der letzteren nach aussen von den Bastfasergruppen des Pericykels. Oxalsaurer Kalk O.

Langgestielte Drüsenhaare mit scheibenförmigem bis kugeligem, durch wenige Vertikalwände geteiltem Köpfchen.
(Solereder)."

421. *Composite* (?). — Uspallatapass (Argentinische Anden); ca. 3000 m Seehöhe. Den 16. Oktober.

Dieser dornige, noch blätterlose Zwergstrauch war, nach Überschreiten der zu dieser Zeit schneebedeckten Cumbre, die erste Pflanze, welche wir auf argentinischer Seite antrafen.

„Kaum bestimmbar!

„Dem Aussehen nach sehr ähnlich dem auf der Puna bei La Paz gesammelten *Senecio spinosus* DC., nach Standort und Anatomie aber verschieden davon!
(Solereder)."

Diagnosen der neuen Arten

von

Dr. Neger, Dr. Mez, Dr. Cogniaux, Dr. Zahlbruckner, Dr. Briquet und Dr. O. Hoffmann.

Uredo Theresiae nov. spec.

Beschrieben von Professor Dr. Neger.

Sori hypophylli, minutissimi, vix conspicui, maculis indeterminatis flavescentibus insidentes, pauci in acervulum irregularem congesti, hemisphaerici, 0,5 mm diam., epidermide diu tecti.

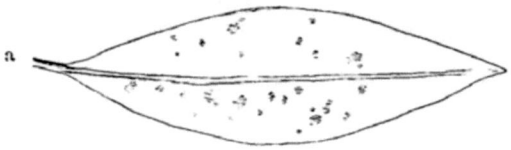

Uredo Theresiae Neger.

a. Ein Blättchen von *Crotalaria anagyroides* von unten gesehen, mit zahlreichen Sporenhäufchen. (Nat. Grösse.)

b. Einzelne Sporen von *Uredo Theresiae*. Vergr. 400.

Sporae ovoidae, obovatae vel globosae, 18—22 × 16—20 μ, episporio tenui, breviter echinulato, achroo praeditae, poris germinationis numerosis (5—7) sed vix conspicuis instructae, paraphysis mixtae.

Habitat in foliis *Crotalariae anagyroides* H. B. K.

Ab *U. Crotalariae* Diet.[1]) magnitudine et colore sporarum, nec non numero pororum recedens.

Bemerkung: Auf Crotalaria wurden bisher nur 2 Rostpilze gefunden: *Aecidium Crotalariae* P. Henn. und *Uredo Crotalariae* Diet. (l. c.)[2])

Es ist allerdings nicht ausgeschlossen, dass die vorliegende *Uredo* zu einem anderen auf *Papilionaceen* schmarotzenden Rostpilz (etwa *Uromyces*, *Ravenelia*, oder dergl.) gehört. Dies lässt sich aber an der Hand der zu wenig charakteristischen *Uredo*sporen nicht ermitteln. Es ist daher nötig, den Pilz selbständig zu benennen.

Vielleicht gelingt es später einmal, seine Zugehörigkeit, falls er nicht eine isolierte *Uredo* darstellt, zu ermitteln.

Fundort: Zwischen El Moral und Machin auf dem Quindiupass, Centralcordillere von Columbien; ca. 2000—2400 m Seehöhe. Juli.

Tillandsia Augustae regiae nov. spec.

Beschrieben von Professor Dr. Mez (und bereits veröffentlicht in Engler: Botanische Jahrbücher XXX. 1891. Beiblatt Nr. 67, p. 10).

(Abbildung siehe Tafel I, Fig. 1, 2, 3).

Statura minore, foliis rosulatis, glabriusculis; inflorescentia laxiuscule bipinnatim panniculata; spicis 2 (-3)-floris, optime pinnatis, inferioribus patentibus omnibus quam bracteae primariae brevioribus vel summis ea aequantibus; bracteolis florigeris quam sepala brevioribus, obtuse carinatis; sepalis subaequaliter liberis.

Acaulis, florifera ad 0,35 m alta. Folia pulcherrima, in viridi elegantissime rubropicta ± 20 dense subutriculatimque rosulata, basi in vaginam magnam, ovato-ovalem dilatata, lingulato-linearia, apicem subacutum versus breviter angustata, ± 0,18 m longa medio ad 28 mm lata, ut videtur vix rigida. Scapus validus, erectus, vaginis multis omnino foliaceis erectis vel superioribus suberectis, internodia optime superantibus dense involutus, glaber, folia subaequans. Inflorescentia quam in affinibus speciebus multo latior nullo modo cylindrica dicenda, ± 0,15 m longa (bracteis computatis) ad 80 mm diam. metiens; bracteis primariis amplissimis, inferioribus mediisque breviter foliacei ssummis e latissime ovato triangulo-acutiusculis, satis concavis, propter situm patentem vel superiorum subpatentem nullo modo imbricatis; spicis omnibus manifeste stipitatis, axi ultra florem ultimum semper longe producto bracteas nonnullas steriles procreante: bracteolis florigeris glabris, laevibus, satis navicularibus, nec imbricatis nec axes obtegentibus, ± 12 mm longis, apice rotundatis. Flores plane sessiles, suberecti, non nisi fructiferi cogniti; sepalis dorso glabris, laevissimis, ad 15 mm longis, ellipticis, apice late truncato-rotundatis minuteque asymmetrice emarginatis. Petala cum genitalibus

---

[1]) Hedwigia tom. 38 pag. 257.
[2]) Deren keine mit dieser Art übereinstimmt.

ignota. Capsula perlonga (30 mm), cylindrico-prismatica, apice acutiuscula nec rostrata, laevis.

Columbia, in Quindiu montibus, reg. temp. (2000—3000 m): Serenissima princepsfemina Theresa Bajuvariae (V. in spirit. vini conserv.)

Obs. Species pulcherrima distinctissimaque, ex affinitate *T. ionochromae*, *T. biflorae*, numine serenissimae inventricis in honorem matris denominata.

Miconia Theresiae nov. spec.

Beschrieben von Professor Dr. Cogniaux.

(Abbildung siehe Tafel II, Fig. 1, 2, 3.)

M. Theresiae (sect. *Cremanium*): fere glaberrima; foliis ovato-oblongis, obtusinscule breviterque acuminatis, basi rotundatis, remotiuscule minuteque denticulatis, 5-nerviis, nervibus subtus basi setuloso-barbatis exterioribus paulo distinctis; paniculis parvis, laxis, plurifloris; floribus 8-meris, longiuscule pedicellatis; calyce late campanulato, dentibus minutis, remotis, triangulari-subulatis; antheris biporosis.

Rami graciles, obscure tetragoni, superne leviter compressi. Petiolus gracillimus, supra leviter furfuraceo-puberulus, circiter 1 cm longus. Folia rigidiuscula, siccitate lurida, 5—7 cm longa, 17 bis 27 mm lata. Paniculae 5 — 6 cm longae: pedicelli subfiliformes, 2—4 mm longi. Calyx 4 mm longus et latus. Petala subrotundata, 3 mm longa. Antherae fere 2 mm longae. Stylus subfiliformis, glaber, 4—5 mm longus, stigmate capitellato.

Cette espèce est très voisine du *M. crocea* Naud., dont elle se distingue facilement par sa panicule beaucoup plus lâche et bien moins multiflore, ainsi que par ses fleurs un peu plus grandes et plus longuement pédicellées.

Fundort: Zwischen Pocho de Santa Lucia und Las Palmas, Westhang der Westcordillere Ecuadors; ca. 1300—2200 m Seehöhe. August.

Symbolanthus nov. spec.?

(ex affinitate *Symbolanthi calygoni* Gris.)

Beschrieben von Professor Dr. Neger.

S. caule glabro (vel scabriusculo?), foliis ovato-oblongis apiculatis, adultis 8—9 cm longis, 3—4 cm latis, supra scabriusculis, obscure viridibus, subtus laevibus, pallidioribus, calycis quinquepartiti, segmentis anguste-lanceolatis, corolla calycem duplo superante, genitalia aequante(?).

Differt a *S. calygono* Griseb. lobis calycinis angustioribus nec non antheris dorso hirsutissimis.

Fundort: Estero Salado bei Guayaquil; Westecuador. Brackwassergebiet. August oder September.

Eutoca lomariifolia Phil. in sched.

Beschrieben von Professor Dr. Neger.

Eu. annua(?) pubescens caule simplici vel superne parce ramoso, foliis inferioribus . . . . . ?, caulinis erectis, 5—6 cm longis, ambitu oblongo-lanceolatis, pinnatopartitis, pinnis 3—5 — jugis, serratis vel plus minus profunde 3—5 — partitis, pinnis terminalibus majoribus, foliis summis brevioribus minus partitis — subintegris; racemis 3—5, multifloris, floribus sessilibus, calyce ca 5 mm longo, corolla calycem bis aequante.

Habitat in via Uspallata, Andium centralium argentino-chilensium. Floret m. Octobri.

Das vorliegende Exemplar stimmt vollkommen überein mit einer im K. Botan. Museum zu Berlin aufbewahrten, von Dr. R. A. Philippi gesammelten und von ihm als *E. lomarifolia* bezeichneten, aber bisher nicht publizierten Pflanze.

Salvia orophila nov. spec.
Beschrieben von Professor Dr. Briquet.
(Abbildung siehe Tafel III Fig. 1. 2. 3.)

Frutex ramis erectis, rufo-tomentellis, internodiis mediocribus. Folia late elliptico vel ovato-lanceolata, apice acuminata, marginibus infra medium convexioribus, basi in petiolum rufo-tomentellum extenuata, supra breviter pubescentia, subtus densius pubescentia vel rufo-tomentella, sordide viridia; nervatio reticulata, reti subtus aliq. prominulo, paginam superiorem aliq. fodiente; serratura constans ex dentibus subcrenatis, parvis, crebris, intus rectiusculis, extus convexis, culminibus peracutis prorsus versis. Spicastrum mediocre, verticillastris confertis 6 floris, bracteis deciduis. Pedicelli dense breviter pubescentes. Calix tubuloso-campanulatus, purpurascens, nervis ad $^2/_3$ prominulis, superne evanidis, breviter sparsim patule pilosulus, praesertim ad nervos margine ciliolatus; labrum ovatum, apice breviter apiculatum; labioli dentes 2 ovati, subito subulati alte connati. Corolla purpurea, extus villosa; tubus cylindricus tenuis modice exsertus; labrum leviter curvulum subintegrum; labioli labro brevioris lobi laterales ovati, medius obovatus major. Staminum filamenta brevia vix ultra articulationem protensa, pollinatoria elongata, sub labro corollino adscendentia et ultra eum exserta, loculos lineares gerentia, rectiaria longa remiformia haud appendiculata. Stylus villosus exsertus, inaequaliter bifidus, ramo postico recurvo subulato longiore.

Internodia suppetentia 3—4 cm longa. Foliorum lamina superficii ad 7×4 cm, petiolus ad 1 cm longus; dentium culmina 0,5 — 1 mm alta et 1—2 mm distantia. Spicastrum (suppetens) 8 cm longum, pedicellis 2—3 mm longis. Calicis 6—7 mm longi, tubus 5 mm profundus, lobi 2 mm alti. Corolla calicis os circa 7—10 mm excedens; labrum fere 5 mm longum. Stamina labrum ad 3 mm excedentia, antheris 2,5 mm longis.

Columbia: Inter Mediacion et Las Cruzes, in jugo Quindiu. 2000—2700 m alt. Floret Julio. (Frequens).

Cette plante est fort voisine des *S. rufula* Kunth et *S. tolimensis* Kunth, particulièrement de la dernière. Elle nous paraît s'en écarter par ses feuilles acuminées (simplement aiguës dans la description de Kunth), ses verticillastres rapprochés (écartés dans le *S. tolimensis*) et ses étamines exsertes (incluses dans la plante de Humboldt). Le *S. tolimensis* a aussi été décrit sur des échantillons provenants du massif du Quindiu. Peut-être des matériaux plus complets viendront-ils dans la suite, accentuer les rapports qui existent entre la plante récoltée par la princesse Thérèse et celle de Humboldt. Pour le moment nous n'osons pas les identifier.

Salvia Theresae nov. spec.
Beschrieben von Professor Dr. Briquet.
(Abbildung siehe Tafel II Fig. 4. 5.)

Frutex ramis undique lutescenti-tomentosis, internodiis mediis mediocribus. Folia ablonga, apice acuta vel breviter acuminata, marginibus leviter convexiusculis, basi rotundata, petiolo undique lutescenti-tomentoso limbo ter breviori aucta, crasciuscula, rugosa, supra cinereoviridia tomentella, subtus tomento sordide lutescente obtecta; nervatio reticulata tomentum subtus areolans et paginam superiorem aliq. fodiens; serratura constans ex crenis parvis vel dentibus extus gibbis quoque parvis crebris. Inflorescentia mediocris, axe pedicellisque ferrugineo-pilosis, pilis crispulis nunc glanduliferis; verticillastri dorsiventraliter dispositi 2—6 flori. Calix undique glanduloso-pilosus, pilis crispulis nunc colore lutescente adpersis, tubulosus, striatus, lobis 3 ovatis apice acutiusculis. Corolla tubulosa ex sicco phoeniceo-purpurea, extus pilosula; tubus pulchre exsertus, cylindricus; labrum rectiusculum integrum; labiolum labro brevius, deflexum, lobis lateralibus ovatis rotundatis, medio obovato majori. Staminum pollinatoria elongata, longe exserta, sub labro corollino ascendentia, loculos lineares gerentia, rectiaria reniformia. Stylus glaber longe exsertus, inaequaliter bifidus, ramo postico recurvo subulato longiore.

Internodia suppetentia 3 cm longa. Foliorum lamina superficie circa 6 × 2 cm, petiolus ad 2 cm longus; crenarum culmina 0,1 — 0,5 mm alta et 0,5 — 1 mm distantia. Spicastrum 10 cm longum, verticillastris dissitis, bracteis caducis: pedicelli 5—6 mm longi. Calicis 1,3 cm longi tubus 1 cm profundus, lobi 3 mm alti. Corolla calicis os 1,3—1,5 cm excedens, labro 5 mm longo, labiolo 3 mm longo. Genitalia labrum 5—6 mm excedentia; antherarum loculo fertili 3 mm longo.

Ecuador: Inter Pucará et San Antonio, via Guaranda-Babahoyo in declivitate occidentali Andium occidentalium. 1600—3000 m alt. Floret Augusto.

Cette espèce appartient à la section *Calosphace* § *Longiflorae*, et se place au voisinage des *S. glandulifera* Cav., *hirta* Kunth, *Haenkia* Benth., *Sprucei* Briq., *avicularis* Briq. et *pseudo-avicularis* Briq. Elle diffère: du *S. glandulifera* par ses feuilles oblongues, finement crénelées; du *S. hirta* par ses dents calicinales, ovées et acutiuscules; du *S. Haenkei* par ses feuilles finement crénelées et ses verticillastres pauciflores non lâches; du *S. Sprucei* par ses feuilles aiguës du sommet et son calice près de deux fois plus court; des *S. avicularis* et *pseudo-avicularis* par la forme du calice et la corolle plus petites; enfin elle s'écarte de toutes ces espèces collectivement par le tomentum jaunâtre qui recouvre l'appareil végétatif.

Solanum quindiuense nov. spec.
Beschrieben von Dr. A. Zahlbruckner.
(Abbildung siehe Tafel IV Fig. 1. 2.)

Caule fruticoso, terete, striatulo, pilis adpressis trigosisque vestito; foliis alternantibus, solitariis (vel superioriebus nonnihil geminis et dem inaequalibus?), infimis minoribus, breviter petiolatis, ovatis vel ovato-ellipticis, basi in petiolum angustatis, apice acuminatis, in margine integris, chartaceis, supra strigoso-pilosis, fusco-viridescentibus, opacis, subtus ochraceis, secus nervaturam strigoso-pilosis, caeterum villosis, nervatura supra impressa, subtus prominente, costa crassiuscula, nervis secundariis 7—9, sub angulo acuto subarcuatim ascendentibus et ante marginem furcato-annexis: floribus magnis, solitariis, pedunculis alaribus intrafoliaceus, gracilibus, sat longis, arcuatim erectis, strigoso-pilosis; calyce obconico-campanulato, extus dense strigoso-piloso intus glabro, tubo subcarioso, truncato, 10-dentato, dentibus filiformibus, tubo brevioribus; corolla regularis, alba(?), obconica, 5-partita, lobis oblongo-lanceolatis, apice acutiusculis, extus pilosis, tubo corollae circe 3-plo longioribus, nervis longitudinalibus 3; staminibus 5, liberis, filamentis tubo corollae adnatis, triangulari-subulatis, carnosulis, tubo corollae brevioribus, antheris oblongo-ellipsoideis, filamentis subaequalibus, poris terminalibus, anticis; ovario subgloboso, glabro; stylo recto, filiformi et glabro, staminibus parum longiore, stigmate vix capitato; bacca matura non visa.

Columbia: in jugo Quindiu. 2700—3400 m alt. Floret Julio.

Petiolus strigoso-pilosus, 6—8 mm longus. Lamina foliorum 9—10 cm longa et 3—3,5 cm lata, internodiis multo longiore, alabastra ovalia. Tubus calycis 5—6 mm altus, dentibus 2—2,5 mm longis. Tubus corollae 8—10 mm altus, lobis 16—18 mm longis et 4—6 mm latis. Antherae dorso fuscescentes, caeterum pallide ochraceae.

Die durch ihre grossen Blätter auffällige Pflanze, welche trotz des mangelhaften Materiales als neu erkannt werden konnte, gehört in die Section *Pachystemon*. Subsection *Lycianthes*, § 2. *Polymeris* ✕ ✕ *Lobanthes* im Sinne Dunals. Sie steht dem *Solanum lineatum* R. et Pav.[1]) zunächst, unterscheidet sich von diesem sofort und leicht durch die Blattform und grossen Blüten. *Solanum xylopiaefolium* Dun.[2]), dessen Diagnose auf unsere Pflanze scheinbar passt, steht in keiner näheren Beziehung zu *Solanum quindiuense*, wovon ich mich nach Einsicht in die Originalien überzeugen konnte.

Solanum Theresiae nov. spec.
Beschrieben von Dr. A. Zahlbruckner.
(Abbildung siehe Tafel V Fig. 1. 2.)

Caule fruticoso, erecto, tereti, viridi et glabro, ramulis lateralibus sat numerosis, brevibus, paucifoliatis, versus apicem incano-pulverulento tomentosis; foliis sat longe petiolatis, alternantibus, oblongis vel oblongo-lanceolatis, plus minus recurvis, coriaceis, supra primum pulverulento-tomentosis, demum glabrescentibus, subtus glabris, basi in petiolum sensim angustatis, apice acutis; in margine integris et tenuiter revolutis, costa crassiuscula, nervis secundariis haud conspicuis; inflorescentia cymoso-paniculata, in ramulis terminalibus, laxis, paucifloris; pedunculis, pedicellis calycibusque pulverulento-tomentosis; calyce 5-fido, lobis parvis, triangularibus et obtusiusculis; corolla

---

[1]) Flora Peruviana. Vol. II. 1799, pag. 31, Tab. CLVIII, Fig. 6.
[2]) Dun. apud DC. Prodr. Vol. XIII, 1. pag. 179.

subcampanulato-cyathiformi, non plicata, calyce multo longiore, violacea. extus pulverulento-tomentosa, tubo brevissimo, lobis ovalibus. Bolivia; in valle La Paz. 3700—3800 m alt. Floret Octobri. Rami laterales erectiusculi. Folia internodiis multo longiora; petiolo 8—15 mm longo, non alato; lamina supra nitidula, viridi, normaliter medio amplissima, 3—5 cm longa et 8—14 mm lata; costa subtus prominula, nervis secundariis 6—10, sat distantibus, arcuatim, ascendentibus. Inflorescentia iteratim dichotoma; pedicellis geminis, basi articulatis et ibidem in partibus pedicelli urceolato-incrassatis insertis, filiformibus. 9—12 mm longis, post anthesin apice parum incrassatis; alabastri subglobosis vel ovalibus, apice rotundatis; calyce subcampanulato, regulari, fere usque ad medium fisso, lobis e sinubus rotundatis assurgentibus, subpatentibus, 2—3 mm longis et basi circa 1,5 mm latis; corolla regulari (non bilabiato) lobis acutiusculis, costa conspicua, 10—12 mm longis et 5—6 mm latis; staminibus 5, aequalibus, filamentis brevissimis, circa 1 mm longis, antheris oblongis, 4 mm longis et 1,5 mm latis, luteis, mox rimis longitudinalibus antice dehiscentibus; stylo antheris paulum longiore, erecto, versus basin leviter pulverulento-tomentoso, stigmate clavato-globoso, bifido et glabro. Bacca (juvenilis, haud matura) globosa, nigra, glabra, 4 mm in diam.

Solanum Theresiae gehört nach Dunals Gruppirung der Gattung in die Section *Pachystemon*, Subsection *Micranthes* und steht daselbst dem *Solanum pulverulentum* Pers.[1]) (Syn. *Solanum angustifolium* R. et Pav.[2]) zunächst. Von diesem unterscheidet sich die als neu erkannte Art durch den Habitus, durch die stets an der Spitze kurzer Seitenäste stehenden, niemals seitenständigen Blütenstände, kürzeren, ganzrandigen, am Rande zurückgerollten, auf der Oberseite pulverigen Blätter. Ein ferneres Unterscheidungsmerkmal läge ferner auch in der Öffnungsweise der Antheren, doch ist hier zu bemerken, dass das von Rusby[3]) herausgegebene Exemplar des *Solanum pulverulentum* Pers. ebenfalls der Länge nach sich öffnende Antheren zeigt.

Centropogon(?) *uncinatus* nov. spec.
Beschrieben von Dr. A. Zahlbruckner.
(Abbildung siehe Tafel III, Fig. 4. Tafel V, Fig. 3).

Caule in parte superiore glaberrimo, nitido, laevi et parum flexuoso; foliis alternis, petiolatis—petiolo 10—12 mm longo, glabro—internodiis longioribus, suberecto-patentibus, ovatis vel ovato-oblongis, basi in petiolum angustatis, apice acuminatis, viridibus, membranaceis, utrinque glabris, supra nitidulis, in margine dentibus crebris acutis angustisque suberectis, parvis, inaequalibus numitis, costa crassiuscula, nervis secundariis 7—9 sub angulo semierecto assurgentibus, lamina 6,5—7,5 cm longa et 1,5—2,2 cm lata; floribus solitariis, axillaribus(?), longe pedicellatis, pedicello tereti, glabro, 7,5 cm longo, ebracteolato; receptaculo globoso, 0,7—0,9 cm in diam., glabro, lobis

---

[1]) Pers., Synops. plantar. I. 1805. pag. 223; Dun. apud DC. Prodr. XIII, 1. pag. 100.

[2]) R. et Pav., Flora Peruv. II. 1799. pag. 33, tab. CLXIII, Fig. 6 non Lam.

[3]) Plantae Bolivianae a. M. Bang lectae no. 90.

calycinis distantibus, receptaculo duplo circa longioribus, subulatis, acutis, uncinatis, glabris, in margine dentibus parvis utrinque, 1—2 patentibus ornatis; corolla e basi paulum latiore leviter constricta et dein versus faucem sensim dilatata, 4, 2—4, 4 cm longa et fauce 1 cm lata, sanguinea, glabra, lobis incurvis, 2 superioribus majoribus, tubo staminum in parte superiore hirto; tubo antherarum pruinosulo, dorso pilis sparsis et in vertice setulis munito; antherarum 2 minoribus apice penicillatis. Fructus ignotus.

Ecuador: Zwischen Babahoyo und dem Páramo des Chimborazo. August.

Eine durch die Form der Kelchzipfel auffallende Art, deren Diagnose jedoch, nach incompletem Material[1]) entworfen, in vielen Stücken einer Ergänzung bedarf.

Senecio Theresiae nov. spec.
Beschrieben von Professor Dr. O. Hoffmann.
(Abbildung siehe Tafel IV, Fig. 3. 4. 5.)

Fruticosa erecta valde ramosa undique glabra, ramis sulcatis usque ad apicem foliatis; foliis sessilibus pinnapartitis, rhachi lineari, segmentis in utroque latere 3—4 margine revolutis linearibus obtusis, simplicibus vel hinc inde grosse dentatis, intimis saepius brevioribus; foliis supremis in bracteas inflorescentiae simplices squamiformes transeuntibus; capitulis homogamis parvulis 25-floris, ad apices ramulorum corymbosis, corymbis paniculam amplam irregularem foliatam formantibus; involucri late campanulati, bracteis paucis brevibus ovatis calyculati squamis 10 sordide purpureis plerumque albo-marginatis subacutis apice paulo sphacelatis et minutissime velutinis; receptaculo plano areolato; floribus longe exsertis; corollis luteis, e tubo in limbum paulo longiorem et subduplo latiorem sensim dilatatis, limbi laciniis nervo mediano percursis; styli ramis truncatis; ovariis pubescentibus.

Der vorliegende Zweig ist 20 cm lang, am Grunde 4 mm dick. Die Blätter erreichen eine Länge von 35 mm; die Abschnitte werden bis 6 mm lang und (ohne die zurückgerollten Ränder) wenig über 1 mm breit. Auch der bis 1½ mm breite Teil der Blattspindel zwischen den einzelnen Abschnitten ist im trockenen Zustande zurückgerollt. Die Hülle ist 5 mm hoch und breit. Die Blättchen des Aussenkelches sind kaum 1 mm lang und wie die eigentlichen Hüllblätter an der Spitze dunkel gefärbt. Die Hüllblätter zeigen die bei *Senecio* so häufige sehr fein sammetartige Behaarung der Spitze. Die Blüten ragen noch um 4—5 mm aus der Hülle hervor. Die Blumenkronen sind 6 mm lang; eben so lang ist zur Blütezeit der weisse Pappus. Reife Früchte fehlen.

Peru: Unterhalb Casapalca an der Oroyabahn; ca. 4000 m Seehöhe. September.

In der Tracht nähert sich die Pflanze am meisten *S. clavifolius* Rusby, welche sich jedoch von ihm durch strahlblütige Köpfchen und ungeteilte Blätter unterscheidet.

---
[1]) Vergl. Anmerkung S. 5.

Alphabetisches Register.

Acacia Aroma Gill. 6. 33.
" farnesiana Willd. 34.
" spec. 34.
" spec. 34.
Acaena elongata L. 29.
" spec. 29.
Acanthacea 65.
" 65.
Achyrocline celosioides DC. 71.
" Hallii Hieron. 71.
" saturoides Lam. var. candicans Baker 71.
Acrostychum spec. 10.
Adiantum macrophyllum Sw. 11.
" tetraphyllum Willd. 11.
Alectra spec. 60.
Alonsoa caulialata R. et P. 60.
" incisaefolia R. et P. 60.
Anthurium Buonaventurae Engler. 14.
" pulchellum Engler. 14.
Arcythophyllum nitidum H. B. K. 65.
Aristida pallens Cav. 13.
Aristolochia chilensis Miers. 22.
" veraguensis Duch. 22.
Arrabidaea candicans DC. 62.
Arthrostemma volubile Triana 43.
Asclepias curassavica L. 49.
Aspidium conterminum Desv. 11.
" patens Sw. 11.

Baccharis alnifolia. Meyen et Walp. 6. 70.
" floribunda H. B. K. 70.
" microphylla H. B. K. β Incarum Wedd. 5. 71.
Bactris granatensis Drude. 14.
Bahia ambrosioides Lag. 74.
Barnadesia arborea H. B. K. oder polyacantha Wedd. 76.
Begonia Martinicensis A. DC. 41.
" Ottonis Walp. 41.
" spec. 41.
Bidens fruticulosa. Meyen et Walp. 74.
" rubifolia H. B. K, 74.
Bignoniacea. 63.
Bocconia frutescens L. 3. 26.
Boerhavia hirsuta Willd. 24.
Bomarea conferta Bth. 3. 18.
" spec. B. floribunda affinis 18.
" setacea Herb. 19.
Borreria laevis Griseb. 67.
Bouchea Ehrenbergii Cham. 53.
Brachyotum strigosum Triana 43.
Brassica Rapa L. 27.
Browallia demissa L. 58.

Cactacea 41.
Calceolaria ericoides Vahl. 5. 59.
" glutinosa Heer et Regel 59.
" perfoliata L. f. 59.

Calceolaria tenuis Benth. 59.
" spec. 59.
" spec. 59.
" spec. 60.
Calandrina cymosa Philippi 25.
Capparis pulcherrima Jacq. 5. 28.
Cassia fistula L. 32.
" glandulosa L. 32.
Castilleja fissifolia L. 61.
" stricta Benth aff. 61.
" tenuiflora Benth(?) 61.
" spec. 61.
" spec. 61.
Casuarina equisetifolia L. 21.
Centropogon surinamensis Presl. 67.
" uncinatus Zahlbr. 67. 84.
Cerastium arvense L. 25.
" mollissinum Poir. a genuinum Rohrb. 25.
Ceroxylon andicola Humb. et Bonpl. 4.
Cheilanthes radiata R. Br. 11.
Chuquiraga insignis Humb. et Bonpl. « genuina Wedd. 5. 77.
Chusquea spec. 13.
" spec. 13.
" spec. 13.
Cleome spinosa L. 28.
Clidemia hirta D. Don 45.
Clusia spec. 39.
Cochlospermum vitifolium Sprengl 5. 39.
Cocos butyracea Mart. 3.
" Sancona Karst 3.
Commelina cayennensis Rich. 16.
" virginica L. 17.
Commelinacea 17.
" 17.
" 17.
Composite 77.
" 78.
" 78.
Conostegia hirsuta DC. 45.
Cora reticulifera Wain. 9.
Cordia rotundifolia R. et 51.
Corynelia clavata Sacc. 9.
Cotyledon spec. 28.
Coursetia dubia DC. 5. 30.
Crataeva gynandra B.(?) 28.
Crotalaria anagyroïdes H. B. K. 29.
Cruikshanksia tripartita Philippi 7. 66.
Cuphea antisyphilitica Kth(?) 42.
" dipetala Köhne 42.
" racemosa Spr. var. « tropica Cham et Schlechtd. 42.
" spec. 42.
Cydista aequinoctialis Miers 4. 62.
Cyperus Papyrus L. 14.

Daphnopsis Caracasana Meisen 42.
Datura spec. 58.
Descurainia canescens Prantl var. 7. 26.

Desmodium axillare DC. (??) 30.
" incanum DC. 31.
" mexicanum Wats. 31.
Dichroma ciliata Vahl 14.
" pura N. ab Es. 14.
Dicliptera multiflora Juss 64.
Digitalis purpurea L. 60.
Dioclea spec. 31.
Diodia rigida Cham. et Schl. 66.
Distichlis prostrata Desv. 6. 13.
Dothidea (?) 9.
Dunalia solanacea H. B. K. 58.
Duranta Mutisii L. f. 9. 54.
" triacantha Juss. 9. 54.

Echites microcalyx A. DC. var. glabra A. DC. 48.
Eichhornia crassipes (Mart.) Solms Laubach 17.
Epidendrum cochlidium Ldl. 19.
" decipiens Ldl. 20.
" elongatum Jacq. 20.
" fimbriatum Kth. 20.
" quitensium Rchb. fil. 20
Episcia melittifolia Mart 64.
Erigeron pellitum Wedd. 70.
" sulcatus Meyen var. columbiana Hieron. 70.
Eritrichium clandestinum A. DC. var. angustifolium Clos. 51.
" fallax Phil. 52.
Erodium cicutarium Lem. 34.
Eryngium humile Cav. α. 47.
Espeletia argentea Humb. et Bonpl. 3. 72.
Eucharis grandiflora 18.
Eupatorium azangaroense C. H. Schultz Bip. 68.
" conyzoides Vahl 68.
" humile (Benth). Hieron. 68.
" Klattianum Hieron. 69.
" obscurifolium Hieron. 69.
" pichinchense H. B. K. 69.
" stoechadifolium L. f. 69.
" virgatum Schrad. 69.
Eutoca lomarifolia Phil. 7. 50. 80.

Fuchsia corymbiflora Benth. 46.
" petiolaris H. B. K. 46.
" scabriuscula Benth. 46.
" sessilifolia Benth. 46.
" venusta H B. K. 46.
" spec. ex aff. triphyllae H. B. K. 47.
Galactia striata (Jacq.) Urban. 31.
Galinsoga hispida Benth. 74.
Gaultheria conferta Benth. 47.
Gentiana diffusa H. B. K. var. α Griseb. 48.
Gentiana rupicola H. B. K. 48.
" sedifolia H. B. K. 5. 48.
Geranium spec. 34.
Gesneriacea 64.
" 64.
" 64.

Gigartina contorta. Bory 8.
Gleichenia dichotoma Willd. 12.
Gnaphalium cheiranthifolium Lam. 71.
" lanuginosum H. B. K. 71.
" puberulum H. B. K. 72.
" tenue H. B. K. 72.
Gomphrena globosa L. 21.
Gossypium religiosum L. 38.
Grateloupia schizophylla Ktz. 6. 8.
Guzmania (?) spec. 15.
Gymnogongrus vermicularis Turn. J. Ag. 6. 8.

Habenaria spec. 20.
Halenia gracilis Griseb. 48.
Hamelia patens Jacq. 66.
Haplopappus parvifolius (DC.) A. Gray. 69.
" velutinus Remy. 7. 69.
Hartwegia spec. 20.
Helianthea spec. 74.
Heliconia Bihai L. 3. 19.
" spec. 19.
Heliopsis canescens H. B. K. 72.
Heliotropium indicum L. 51.
" oppositifolium 51.
" stenophyllum Hook et Arn. 7. 51.
" spec. 51.
" spec. 51.
Hibiscus rosa-sinensis L. 38.
Hippomane Mancinella L. 3.
Hymenophyllum ciliatum Sw. 10.
Hypericum thesiifolium H. B. K. 39.
Hypochaeris quitensis Schultz. Bip. 77.
Hyptis glomerata Mart. ap. Schrank 55.
" urticoides H. B. K. 55.

Inga spec. I. ingoidi Willd. aff. 34.
Ipomoea acuminata R. et Schl. 49.
" fistulosa Mart 4. 49.
" trifida Don. 4. 50.
Iresine spec. 24.
Isocarpha divaricata Benth. 72.

Jacobinia colorata N. ab Es. 5. 65.
Jacquemontia penthantha Don. 50.
" polyantha (Schl.) Hallier f. 50.
Jasminum Sambac Ait. 47.
" spec. 47.
Jochroma lanceolata Miers. 58.

Kohleria elongata Haust. 63.
" spicata Decn. 64.

Laelia spec. 20.
Laguncularia racemosa Gaertn. f. 45.
Lamourouxia virgata H. B. K. 62.
Lantana camara L. 52.
" canescens Kth. 52.
" hirsuta Mart. et Gal. 52.
" lilacina Desf. 53.
" rugulosa H. B. K. 53.
" trifolia L. (?) 53.
Larrea divaricata Cav. 7. 36.

Leandra melanodesma Cogn. 45.
" spec. 45.
Lepidium ruderale L. 27.
Lepidophyllum cupressinum Philippi. 7. 70.
" quadrangulare Benth. 6. 70.
Libertia spec. 19.
Loasa Humboldtiana Urb. et Gilg. 41.
" triphylla Juss var. papaverifolia Urb. et Gilg. 41.
Lupinus bogotensis Bth. var. 6. 29.
" spec. 30.
" spec. 30.
Lycaste gigantea Ldl. 20.
Lycium chilense Miers. 58.
Lycopersicum Humboldtii Dun. 57.
Lycopodium cernuum L. 12.
" complanatum L. 12.

Macrantisiphon longiflorus K. Sch. 5. 62.
Malesherbia humilis Don 40.
Malvastrum nov. spec. (?) 37.
" spec. 37.
Mandevilla mollissima K. Sch. 49.
Manettia meridensis K. Sch. 65.
Marrubium vulgare L. 56.
Martinezia bicuspidata Drude. 14.
Melanthera deltoidea Rich. in Michx. 73.
Mentzelia chilensis Gay var. atacamensis Urb. et Gilg. 7. 41.
Miconia crocea Naud. 45.
" ligustrina Triana. 45
" Theresine Cogn. 45. 80.
Microgenetes Cumingii DC. 7. 50.
Mimosa floribunda Willd. 33.
" pudica L. 33.
Mormodica Charantia L. 67.
Monnina denticulata Chodat. 36.
" phytolaccaefolia H. B. K. var. " 36.
" spec. 36.
Monochaetum Hartwegianum Naud. 44.
" Lindenianum Naud. var parvifolium Cogn. 44.
" lineatum Naud. 44.
" myrtoideum Naud. 44.
Monstera pertusa (L.) Vriese. 15.
Mucuna arens DC. 31.
Mutisia grandiflora Humb. et Bonpl.(?) 76.

Nolana prostrata L. 6. 57.

Oenothera albicans Lam. 6. 45.
" epilobifolia H. B. K. 45.
" Tarquensis H. B. K. 46.
Onoseris purpurata Willd. 77.
Ophryosporus triangularis Meyen 68.
Oreodoxa frigida H. B. K. 4.
Ossea diversifolia. Cogn. (?) 47.
Oxalis filiformis H. B. K. 35.
" lineata Gillies. 35.

Oxalis medicaginea H. B. K. 35.
" mollis H. B. K. 35.
" scandens H. B. K. 35.
" Schraderiana H. B. K. 35.
" stricta L. 35.
" spec. 36.

Palicourea costata Bth. 66.
" spec. nov. 66.
Paragonia pyramidata Bureau. 62.
Passiflora lunata Willd. 40.
Panonia typhalaea Cav. 38.
" spec. 38.
Pectocarya chilensis DC. 51.
Pelargonium inquinans Ait. 34.
Perezia pungens Less. 77.
Phaseolus peduncularis H. B. K. 32.
" trujilensis H. B. K. 32.
" spec. 32.
" spec. 32.
Philodendron verrucosum Matthieu 15.
" spec. 15.
Phryganocydia corymbosa Vent. 63.
Phyllachora Durantae Rehm. 9. 54.
Phytolacca bogotensis H. B. K. 24.
Piper lancaefolium Kth. 21.
Piqueria artemisioides H. B. K. 6. 68.
Pistia stratiotes L. 15.
Pleuropetalum costaricense Wendl. 22.
Podocarpus chilina A. Rich. 7. 12.
" Sprucei Parl. 13.
Polygonacea 22.
Polygonum hydropiper L. 22.
Polylepis racemosa R. et P. 29.
Polypodium augustifolium Sw. 11.
" tetragonum Sw. 11.
Porliera hygrometra R. et P. 6. 36.
Portulacca pilosa L. 4. 25.
Prionodon longissimus Ren. et Card. 10.
Prosopis microphylla H. B. K. 32.
" spec. 33.
Prunella aequinoctialis H. B. K. 56.
Pterolepis glomerata Miq. 43.

Ranunculus flagelliformis Sm. 25.
" geoides H. B. K.(?) 26.
" spec. 26.
" spec. 26.
Raphanus sativus L. 27.
Rhizophora Mangle. L. 43.
Rosa spec. 29.
" spec. 29.
" spec. 29.
Ruellia obtusa N. ab Es. 64.

Sabal mauritiiforme Griseb. 3.
Salix Humboldtiana Willd. 3. 6. 21.
Salvia orophila Briq. 55. 81
" palaefolia H. B. K. 155.
" pauciserrata Benth (?) 155.
" rufula Kth. 155.
" scutellaroides H. B. K. 56.
" Theresae Briq. 56. 82.

Salvia spec. 82.
Sanchezia munita Nees 65.
Sargassum bacciferum (Turn.) J. Ag. 8.
Sauvagesia erecta L. 38.
Scheelea regia Karst (?) 11.
Scutellaria purpurascens Sw. 56.
Scylla chloroleuca Kth. 18.
Selenipedium Schlimii Rchb. f. 21.
Senecio Berterianus Colla. 7. 75.
" graveolens Wedd. 6. 75.
" hakeifolius Bert. (?) 75
" Moritzianus Klatt. 75.
" pulchellus DC. 75.
" sonchoides H. B. K. 75.
" spinosus DC. 6. 76.
" Theresiae O. Hoffm. 76. 85.
Sesbania exasperata H. B. K. 30.
Sida acuta Burm. var. carpinifolia K. Sch. 37.
Sida rhombifolia L. var. typica K. Sch. 38.
" spinosa L. var. angustifolia K. Sch. 38.
Siphocampylus Columnae G. Don. 67.
" ferrugineus G. Don. 67.
Sisymbrium spec. 27.
Sisyrinchium junceum Meyer. 19.
Solanum caripense H. B. K. 57.
" lycioides L. 57.
" maritimum Meyen 7. 57.
" pinnatifidum R. et P. 6. 58.
" quindiuense Zahlbr. 58. 82.
" Theresiae Zahlbr. 58. 83.
" spec. 58.
Sphagnum medium Limp. 10.
Spilanthes americana (Mut.) Hieron. 73.
Stachys grandidentata Lindl. var. 57.
Stachytarpheta cayennensis Vahl. 53.
" mutabilis Vahl. 53.
" spec. 54.
Stelis micrantha Sw (?) 19.
Stenolobium molle Seem. 63.
Stereocaulon ramulosum Sch. 10.
Stevia Benthamiana Hieron. 68.
Stipa Ichu Kth. 5. 6.
Suaeda divaricata. Moq. 7. 22.
Symbolanthus ver. nov. spec. 47 80.
Syngonium spec. 15.
" spec. 15.

Tacsonia glaberrima Juss. 3. 40.
" inanicata Juss. 10.
Talinum spec. 25.
Taraxacum officinale Wigg. 77.
Telanthera gomphrenoides Moq. 21.
Tetraglochin stricta Poepp. 7. 28.
Thunbergia grandiflora Roxb. 3 * ♦
   cuspidata N. ab Es. 61.
Tibouchina Andreana Cogn. 43.
" ciliaris Cogn. 41.
" grossa Cogn. 41.
" lepidota Baill. 41.
" paleacea Cogn. 41.
Tillandsia aloifolia Hook. 16.
" Augustae regiae Mez. 16.
" fasciculata Sw. (?) 16.
" spec. 16.
" spec. 16.
" spec. 16.
Tradescantia hirsuta H. B. K. 17.
Tridax Trianae Hieron. 74.
Trifolium repens L. 30.
Tripterodon filicifolium Radlk. 37.
Tropaeolum tricolor Lindl. 7. 36.
Turnera ulmifolia L. 6. 40.

Ulva lactuca Le. Jol. α rigida Ag. 8.
Umbellifera 47.
Uredo Theresiae Neger 8. 78.
Uromyces Hedysari paniculati Farl. 8.
Urnparia tomentosa (Willd.) K. Sch. 66.
Usnea florida, var. comosa (Ach.) Wain. 9.
" spec. 9.

Verbena calcicola Walp. 6. 54.
" tenera Spr. 7. 54.
Vicia audicola H. B. K. 31.
" spec. 31.
Viola arguta H. B. K. 39.
" scandens Willd. 39.
Vitis sicyoides Baker. 37.
Vriesea heliconioides Lindl. 16.

Wedelia carnosa Rich. 73.
" frutescens Jacq. 73.
Werneria nubigena Wedd. emend var. β latifolia Wedd. 5. 76.

Xanthosoma spec. 15.

Erklärung der Tafeln.

Tafel I.

Fig. 1. Tillandsia Augustae regiae Mez nov. spec. Habitusbild. ²⁄₃ der natürlichen Grösse.
Fig. 2. Desgleichen. Aufgesprungene Kapsel; 3 mal vergrössert.
Fig. 3. " Einzelner Blütenstand; 3 mal vergrössert.

Tafel II.

Fig. 1. Miconia Theresiae Cog. nov. spec. Habitusbild in natürlicher Grösse.
Fig. 2. Desgleichen. Junge Blüte; stark vergrössert.
Fig. 3.   „   Ältere Blüte; stark vergrössert.
Fig. 4. Salvia Theresae Briq. nov. spec. Habitusbild in natürlicher Grösse.
Fig. 5. Desgleichen. Einzelne Blüte; 3 mal vergrössert, nach aufgeweichtem Material gezeichnet.

Tafel III.

Fig. 1. Salvia orophila Briq. nov. spec. Habitusbild in natürlicher Grösse.
Fig. 2. Desgleichen. Blütenknospe; stark vergrössert.
Fig. 3.   „   Unterlippe; aus der Blütenknospe präpariert.
Fig. 4. Centropogon (?) uncinatus A. Zahlbr. nov. spec. Junger Zweig in natürlicher Grösse.

Tafel IV.

Fig. 1. Solanum quindiuense A. Zahlbr. nov. spec. Zweig in natürlicher Grösse.
Fig. 2. Desgleichen. Blüte; 3 mal vergrössert.
Fig. 3. Senecio Theresiae O. Hoffm. nov. spec. Habitusbild in natürlicher Grösse.
Fig. 4. Desgleichen. Blütenköpfchen; stark vergrössert.
Fig. 5.   „   Einzelne Blüten; aufgeschnitten, stark vergrössert.

Tafel V.

Fig. 1. Solanum Theresiae A. Zahlbr. nov. spec. Zweig in natürlicher Grösse.
Fig. 2. Desgleichen. Blüte; nach Entfernung der beiden vorderen Lappen und Krone nach Herbarmaterial gezeichnet, stark vergrössert.
Fig. 3. Centropogon uncinatus A. Zahlbr. Blüte; in 2 maliger Vegrösserung.

Berichtigungen.

Seite 3, Zeile 20 von oben fällt das Fragezeichen weg.
  „   3, Zeile 25 von oben fällt das Fragezeichen weg.

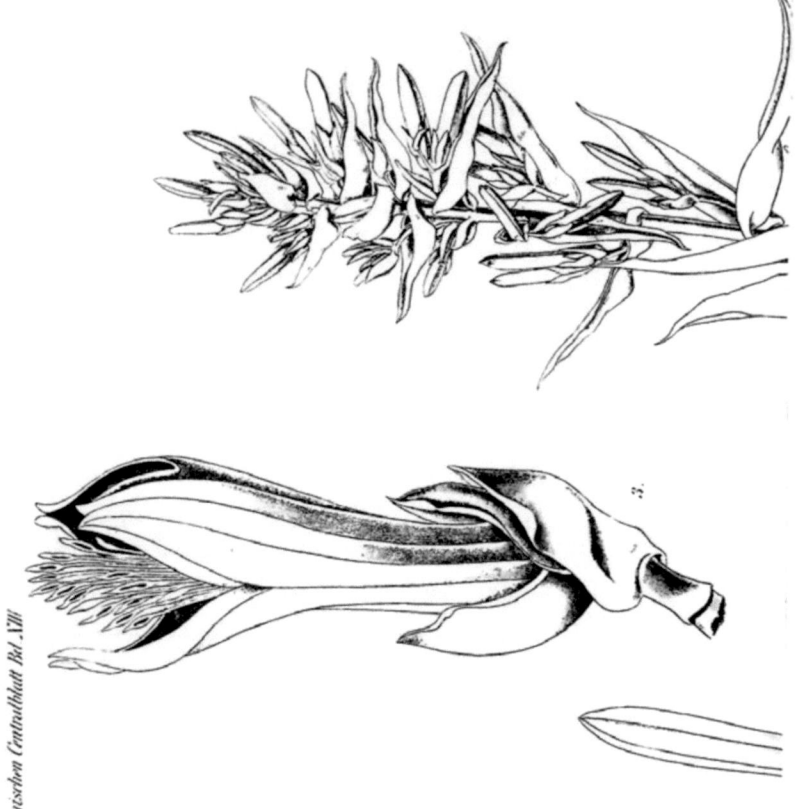

Taf. 2.

Beihefte zum Botanischen Centralblatt Bd. XIII.

Taf. 3.

Taf. 4

v Fischer in Jena.

Beihefte zum Botanischen Centralblatt Bd. XIII.

Taf. 5.